# 大水型矿山矿坑水综合治理关键技术

DASHUI XING KUANGSHAN KUANGKENGSHUI ZONGHE ZHILI GUANJIAN JISHU

韩贵雷　袁胜超　著

图书在版编目(CIP)数据

大水型矿山矿坑水综合治理关键技术/韩贵雷,袁胜超著. —武汉:中国地质大学出版社,
2019.12

ISBN 978-7-5625-4533-0

Ⅰ.①大…
Ⅱ.①韩… ②袁
Ⅲ.①矿山排水-安全技术
Ⅳ.①TD74

中国版本图书馆CIP数据核字(2019)第070335号

| 大水型矿山矿坑水综合治理关键技术 | 韩贵雷 袁胜超 著 |
|---|---|
| 责任编辑:陈 琪 | 责任校对:周 旭 |
| 出版发行:中国地质大学出版社(武汉市洪山区鲁磨路388号) | 邮编:430074 |
| 电 话:(027)67883511　　传 真:(027)67883580 | E-mail:cbb@cug.edu.cn |
| 经 销:全国新华书店 | http://cugp.cug.edu.cn |
| 开本:787毫米×1 092毫米 1/16 | 字数:301千字　印张:11.75 |
| 版次:2019年12月第1版 | 印次:2019年12月第1次印刷 |
| 印刷:荆州鸿盛印务有限公司 | |
| ISBN 978-7-5625-4533-0 | 定价:68.00元 |

如有印装质量问题请与印刷厂联系调换

# 目 录

1 概 述 …………………………………………………………………………………… (1)
  1.1 目的及意义 ………………………………………………………………………… (1)
    1.1.1 矿体侧向大型止水注浆帷幕 ……………………………………………… (2)
    1.1.2 井巷地表预注浆工程 ……………………………………………………… (2)
    1.1.3 矿坑水回灌工程 …………………………………………………………… (2)
  1.2 依托工程简况 ……………………………………………………………………… (3)
    1.2.1 中关铁矿水文地质条件概述 ……………………………………………… (3)
    1.2.2 中关铁矿矿体侧向大型止水注浆帷幕工程 ……………………………… (5)
    1.2.3 中关铁矿井巷地表预注浆工程 …………………………………………… (7)
    1.2.4 中关铁矿矿坑水回灌工程 ………………………………………………… (8)
  1.3 研究内容 …………………………………………………………………………… (9)
    1.3.1 矿山帷幕注浆设计理论研究 ……………………………………………… (9)
    1.3.2 帷幕注浆工程检测技术研究 ……………………………………………… (10)
    1.3.3 注浆工程钻探技术研究 …………………………………………………… (10)
    1.3.4 注浆工程制浆和注浆自动化控制技术研究 ……………………………… (11)
    1.3.5 新型注浆材料的研究与应用 ……………………………………………… (11)
    1.3.6 矿坑水回灌技术研究 ……………………………………………………… (12)
  1.4 国内外研究现状 …………………………………………………………………… (12)
  1.5 研究方法及技术路线 ……………………………………………………………… (13)
  1.6 研究成果 …………………………………………………………………………… (14)

2 帷幕注浆工程设计理论 ………………………………………………………………… (17)
  2.1 工程规模划分 ……………………………………………………………………… (17)
  2.2 设计阶段划分 ……………………………………………………………………… (17)
  2.3 建设程序确定 ……………………………………………………………………… (17)
    2.3.1 帷幕注浆工程的提出 ……………………………………………………… (18)
    2.3.2 帷幕注浆试验 ……………………………………………………………… (18)
    2.3.3 工程验收 …………………………………………………………………… (19)

  2.4　技术参数设计 ……………………………………………………………（19）
    2.4.1　帷幕体防渗指标确定 ………………………………………………（19）
    2.4.2　钻孔孔距计算 ………………………………………………………（23）
  2.5　小结 ……………………………………………………………………（24）
3　帷幕注浆工程检测技术 ………………………………………………………（25）
  3.1　帷幕体检测技术 …………………………………………………………（25）
    3.1.1　施工过程检测方法 …………………………………………………（25）
    3.1.2　井间电阻率成像技术 ………………………………………………（25）
  3.2　堵水效果评价方法 ………………………………………………………（29）
    3.2.1　帷幕体施工质量评价 ………………………………………………（29）
    3.2.2　帷幕堵水效果评价 …………………………………………………（32）
  3.3　小结 ……………………………………………………………………（36）
4　帷幕注浆工程钻探技术研究 …………………………………………………（37）
  4.1　小口径受控定向分支钻孔技术 …………………………………………（37）
    4.1.1　试验目的 ……………………………………………………………（37）
    4.1.2　试验任务 ……………………………………………………………（37）
    4.1.3　试验方案设计 ………………………………………………………（38）
    4.1.4　场区地层 ……………………………………………………………（40）
    4.1.5　试验结果分析 ………………………………………………………（40）
  4.2　小口径钻探定向纠斜技术 ………………………………………………（55）
    4.2.1　试验背景 ……………………………………………………………（55）
    4.2.2　试验过程 ……………………………………………………………（55）
    4.2.3　应用实例 ……………………………………………………………（56）
  4.3　大口径受控定向分支钻孔技术 …………………………………………（57）
    4.3.1　试验背景 ……………………………………………………………（57）
    4.3.2　研究内容 ……………………………………………………………（57）
    4.3.3　受控定向分支钻孔轨迹的理论设计 ………………………………（58）
    4.3.4　受控定向分支孔施工机具 …………………………………………（59）
    4.3.5　定向分支孔施工工艺 ………………………………………………（60）
    4.3.6　相关参数控制 ………………………………………………………（65）
  4.4　大口径受控定向分支孔施工工法 ………………………………………（66）

  4.4.1 工法特点 …………………………………………… (66)
  4.4.2 工艺原理 …………………………………………… (66)
  4.4.3 施工工艺流程及操作要点 ………………………… (67)

# 5 "鱼刺形"分支钻孔施工技术研究 ……………………………… (72)
 5.1 问题提出 ……………………………………………………… (72)
 5.2 研究内容及方法 ……………………………………………… (75)
 5.3 试验过程 ……………………………………………………… (77)
  5.3.1 试验步骤 …………………………………………… (77)
  5.3.2 中关现场试验 ……………………………………… (78)
  5.3.3 彝良现场试验 ……………………………………… (92)
 5.4 设备定型 ……………………………………………………… (99)
  5.4.1 柔性钻杆 …………………………………………… (99)
  5.4.2 导向套 ……………………………………………… (100)
  5.4.3 螺杆钻具 …………………………………………… (101)
  5.4.4 造斜钻头与稳斜钻头 ……………………………… (102)
  5.4.5 测斜仪器 …………………………………………… (104)
  5.4.6 导斜器 ……………………………………………… (104)
 5.5 施工工艺定型 ………………………………………………… (105)
  5.5.1 施工步骤 …………………………………………… (105)
  5.5.2 工艺定型 …………………………………………… (107)
 5.6 关键工序质量控制 …………………………………………… (110)
  5.6.1 定向 ………………………………………………… (110)
  5.6.2 立轴连接 …………………………………………… (111)
  5.6.3 造斜钻进 …………………………………………… (112)
  5.6.4 稳斜钻进 …………………………………………… (112)
  5.6.5 主孔延伸钻进 ……………………………………… (113)
  5.6.6 分支孔测斜 ………………………………………… (113)
 5.7 事故预防及处理 ……………………………………………… (114)
  5.7.1 器具薄弱点介绍 …………………………………… (114)
  5.7.2 易发事故类型介绍 ………………………………… (115)
  5.7.3 事故处理案例 ……………………………………… (116)

5.8 小结 ······················································································· (117)

# 6 帷幕注浆工程自动化控制技术研究 ······················································ (118)
## 6.1 制浆、注浆自动化系统 ································································· (118)
### 6.1.1 技术背景 ············································································ (118)
### 6.1.2 材料计量设备 ······································································ (119)
### 6.1.3 材料输送设备 ······································································ (119)
### 6.1.4 注浆流量数据读取仪器 ························································· (120)
### 6.1.5 注浆压力数据读取仪器 ························································· (120)
### 6.1.6 自动化制浆注浆系统应用 ······················································ (120)
## 6.2 地下水自动观测系统 ····································································· (122)
### 6.2.1 技术研究基础 ······································································ (122)
### 6.2.2 无线远程地下水位观监测系统原理 ·········································· (123)
### 6.2.3 无线远程地下水位自动监测装置 ············································· (123)
## 6.3 黏土混合浆液制浆工艺及设备 ······················································· (125)
### 6.3.1 研究目的 ············································································ (125)
### 6.3.2 研究内容 ············································································ (125)
### 6.3.3 具体实施方式 ······································································ (126)
## 6.4 小结 ························································································· (129)

# 7 新型注浆研究与应用 ········································································· (130)
## 7.1 黏土材料研究 ············································································· (130)
### 7.1.1 颗粒组成 ············································································ (130)
### 7.1.2 塑性指数分析 ······································································ (132)
### 7.1.3 有机质含量研究 ··································································· (132)
### 7.1.4 浆材综合确定 ······································································ (132)
## 7.2 实验室混合浆液性能研究 ······························································ (133)
### 7.2.1 原浆含砂量 ········································································· (134)
### 7.2.2 原浆流动性、塑性黏度 ························································· (134)
### 7.2.3 混合浆液流动性 ··································································· (136)
### 7.2.4 混合浆液塑性黏度 ································································ (138)
### 7.2.5 混合浆液析水率、结石率 ······················································ (139)
### 7.2.6 混合浆液塑性强度 ································································ (141)

7.2.7 原浆固体含量 …………………………………………………… (142)
　　7.2.8 现场浆液结石体抗压强度 ……………………………………… (143)
　7.3 高围压条件下混合浆液性能研究 ……………………………………… (144)
　　7.3.1 试验装置 ………………………………………………………… (144)
　　7.3.2 高压条件下浆液初凝时间分析 ………………………………… (146)
　　7.3.3 高压条件下混合浆液密度研究 ………………………………… (149)
　　7.3.4 高压条件下浆液结石体抗压强度分析 ………………………… (151)
　　7.3.5 混合浆液结构分析 ……………………………………………… (153)
　7.4 现场浆液配比的确定 …………………………………………………… (155)
　7.5 小结 ……………………………………………………………………… (156)
8 矿坑水回灌技术研究 ………………………………………………………… (157)
　8.1 矿区平面回灌区域研究 ………………………………………………… (157)
　8.2 矿区回灌地层的研究 …………………………………………………… (159)
　　8.2.1 回灌区地层、水文地质简况 …………………………………… (159)
　　8.2.2 回灌地层透水性分析 …………………………………………… (159)
　8.3 回灌能力研究 …………………………………………………………… (162)
　　8.3.1 各孔各段回灌能力分析 ………………………………………… (162)
　　8.3.2 回灌影响范围分析 ……………………………………………… (167)
　8.4 回灌水质及水质监测研究 ……………………………………………… (170)
　　8.4.1 回灌水质研究 …………………………………………………… (171)
　　8.4.2 水质监测研究 …………………………………………………… (172)
　8.5 小结 ……………………………………………………………………… (173)
9 结　论 ………………………………………………………………………… (175)
　9.1 应用效果 ………………………………………………………………… (175)
　9.2 成果结论 ………………………………………………………………… (175)
参考文献 ………………………………………………………………………… (178)

# 1 概 述

## 1.1 目的及意义

矿坑涌水是矿产资源开采过程中面临的主要问题之一,尤其是对于透水性、富水性均较强的地层中矿产资源的开采活动来说,矿坑涌水往往带来众多不利影响,例如矿井突涌水、地下水资源超采、地面塌陷等。随着我国对矿产资源需求量的增加和开采强度的不断加大,矿山开采过程中矿坑排水带来的一系列环境、水资源保护及安全等问题日益凸显。

进入 21 世纪,我国采矿技术飞速发展,矿坑水患治理技术也日新月异。与此同时,我国对矿山开采过程中的安全、环保要求也更加严格,众多水患矿山在基建、开发、闭坑整个生命周期内都在采取相关技术措施治理地下水,在此过程中积累了许多宝贵的防治水与矿区地下水生态环境综合保护经验,也进一步推动了矿山防治水技术的快速发展。

矿山整体防治水工程具有投资规模大、实施周期长、技术难度大等特点。鉴于上述特点,国内的大水矿山大都分阶段实施防治水工程以达到解决不同时期的矿坑水患与地下水生态环境问题。例如:基建矿山和生产矿山均有矿山帷幕注浆工程实施实例,主要用于解决矿体水源补给问题,减少地下水资源疏干与抽排量。据调查,国内实施的各类帷幕注浆工程多达 50 多项。对于矿山生产过程中的突涌水治理,各水患矿山都在根据实际情况而采取不同的治理措施,有井下注浆堵水措施,也有地表注浆措施,用于解决采矿生产中面临的安全问题。尽管上述技术手段在一定时期内解决了矿山的水患问题,但往往也暴露出一些不足,如:防治水工程实施前缺乏长期规划,出现重复投资或者半途而废的情况;防治水工程技术储备不足,治水效果达不到安全与地下水生态综合保护预期目的等。

"大水型矿山矿坑水综合治理关键技术"针对矿山防治水与矿区地下水生态环境综合治理领域所面临的技术难题进行系统性研究,提出一次性解决办法,同时对课题研究过程中形成的技术成果和工程经验进行升华。"大水型矿山矿坑水综合治理关键技术"研究课题主要依托河北钢铁集团沙河中关铁矿近 10 年矿山防治水与矿区地下水生态环境综合治理工程。该大水矿山位于河北省沙河市,矿床位于邯邢铁矿田,是一个储量近亿吨、品位超过 46% 的优质矿山。与此同时,该矿位于邢台百泉泉域地下水强径流带,经水文地质评价矿山开采 $-230\mathrm{m}$ 中段,矿坑涌水量可达 $15\times10^4\mathrm{m}^3/\mathrm{d}$,为了解决矿山开采、安全运营以及采矿与地下水资源保护等方面的矛盾问题,矿山建设的首要任务是系统性解决地下水问题,该矿山在近 10 年间连续开展了"矿体侧向大型止水注浆帷幕""井巷地表预注浆工程""矿坑水回灌工程"3 项矿山防治水与矿区地下水生态环境综合治理工程。3项工程在时间上相互衔接,在技术上相互关联。

### 1.1.1 矿体侧向大型止水注浆帷幕

为保护区域地下水资源,降低矿区地下水疏干和抽排量,合理开发矿产资源,该矿山采用全封闭型帷幕注浆技术堵截矿山地下水。中关铁矿帷幕注浆工程是国内最典型的水患矿山帷幕注浆工程,设计了平面上、垂向上全封闭的止水帷幕,帷幕线全长3 393m,垂向最深830m,是目前国内已被直接证明堵水效果的为数不多的基建矿山帷幕注浆工程之一。2015年,依托该矿山帷幕注浆工程起草编制的《矿山帷幕注浆规范》(DZ/T 0285—2015)已颁布实施,规范中众多技术标准的制定参考了本工程成果。

### 1.1.2 井巷地表预注浆工程

为避免矿山在井巷开掘过程中帷幕体内地下水生态环境的破坏问题,矿山实施了井巷设施地表预注浆工程,包括竖井预注浆工程和溜破系统预注浆工程,均取得了良好的改善帷幕体内地下水生态环境的效果,有效减少了井巷开掘过程中工作面的涌水量,保证了施工安全。目前上述开拓工程均已完成施工,并且在溜破系统预注浆工程中采用了定向钻探施工工艺,为矿山治理局部地下水生态环境钻探技术发展提供了重要技术支撑。

### 1.1.3 矿坑水回灌工程

为实现矿山地下水零排放目标,矿山针对帷幕体内剩余地下水资源实施了矿坑水回灌工程。该工程是国内金属矿山实施的为数不多的回灌工程之一,对于邯邢地区的地下水资源与生态环境保护具有重要的现实意义,对区域地下水资源综合利用、保护及可持续发展起到了积极作用。

研究课题所依托的河北钢铁集团中关铁矿,经过长达10年的探索与研究,在矿山防治水与矿区地下水生态环境保护领域走出了一条以"防治结合、综合利用"为主线的绿色环保、可持续发展的治水道路。它的实施过程主要为:①采用帷幕注浆技术建造矿体周围全封闭帷幕,切断矿坑与区域地下水的主要水力联系,降低矿床开采过程中地下水疏干和抽排量;②采用地表预注浆技术实施矿山井巷系统局部地表预注浆工程,实现开拓掘进面涌水量小于$10m^3/h$的技术要求,改善了井巷施工作业环境,进而保证在井巷实施过程中帷幕体内地下水生态环境的稳定;③采用矿坑水回灌技术,实施帷幕外矿坑水回灌工程,实现矿坑水地表零排放。上述矿山防治水与矿区地下水生态环境综合治理工程均取得成功,实施效果远远超出预期。

上述3项工程在实施过程中相互衔接,在技术手段上相互贯穿,矿体侧向止水注浆帷幕工程的实施使矿山建设成为可能,为矿山解决了矿山井巷建设中的重大突水隐患,降低了矿区地下水疏干和抽排量,有效保护了矿区地下水生态环境;井巷地表预注浆工程的实施加速了矿山建设,确保了矿山安全生产,进一步避免了帷幕体内地下水环境生态的破坏问题;矿坑水回灌工程的实施以矿体帷幕注浆工程为基础,真正实现了矿坑水地表零排放目标。河北钢铁集团中关铁矿在矿山防治水和矿区地下水生态环境保护方面的成果体现出整体性、系统性和彻底性等特点。

"大水型矿山矿坑水综合治理关键技术"为大水矿山矿坑水防治与矿区地下水生态环境保护提供了技术支持,为实现"还邢台青山绿水,走生态发展之路"和打造"山水泉城、魅力邢襄"的战略规划做出了负责任的承诺。我国水患矿山众多,矿山疏干排水严重摧毁了矿区周边地下水生态环境。"大水型矿山矿坑水综合治理关键技术"中提出的整体性、系统性和彻底性解决地下水患和地下水生态环境保护的思路,所采用的技术手段、工程措施以及取得的技术成果为类似矿山提供了宝贵的借鉴经验。

## 1.2 依托工程简况

### 1.2.1 中关铁矿水文地质条件概述

#### 1.2.1.1 矿区自然地理

**1. 地理交通位置**

中关铁矿位于河北省沙河市白塔镇中关村附近,东北距邢台市 30km,东距沙河市 21km,东南距邯郸市 53km。

**2. 地形地貌**

中关铁矿矿区位于太行山中段东麓,西为山区,东接平原。西部中低山区标高 300～1100m,最大标高 1898.7m。丘陵区呈北北东向的条带分布,标高 100～300m。东部为平原区地形平缓,标高 55～100m,地面坡度 1‰。

矿区为丘陵地形,地势西高东低,起伏不平,中关村附近标高 200～280m,高差 80m,第四纪地层广泛覆盖于矿区,局部有零星基岩裸露。

**3. 气象**

该区属大陆性季风气候区,四季变化显著。年降水量为 430～700mm,多年平均降水量 540mm,年最小降水量 300mm。年最大降水量为 1963 年邢台站 1269.0mm,沙河站 1402.8mm,武安站 1472.7mm。日最大降水量为 1963 年 8 月 4 日邢台站 304.3mm,沙河站 115.3mm,武安站 286.3mm。降水多集中 7—9 月份,其降水总和占全年降水量 70%～80%。年平均蒸发量 1090mm。年平均气温 12.4～13.8℃,最高气温 42.6℃(1963 年 6 月 26 日),最低气温 -24.3℃(1958 年 1 月 10 日),冻结深度 0.32～0.42m,平均风速 2.4～3.1m/s,平原最大风速 14m/s。

**4. 地表水体**

矿区地表水不发育,仅在西北有沙河及其支流南沙河、北沙河流过。南沙河于渡口往东南向流至八里庙折向北东进入矿区。北沙河于纸房村由北向南进入矿区,在佐村与南沙河汇合称为沙河。沙河向东经东坚固流出矿区。

南沙河:距中关 5km,河床标高 170m(佐村)～235(八里庙),坡度 1‰,河床宽 300～870m,切割深度 15～20m,沉积物为冲-洪积砂,砾石层厚 5～10m,在佐村附近较薄,渡口—佐村河道长8km,河床切割寒武系、奥陶系灰岩,沉积物直接覆盖于灰岩之上。一般洪峰流量0.24~10.7m³/s,最大2 765m³/s。

北沙河:位于矿区北部,与南沙河相似,朱庄—佐村一段河道长3.7km,河床切割寒武系、奥陶系灰岩,沉积物直接覆盖于灰岩之上。一般洪水流量3.02~6.05m³/s,最大洪峰流量710m³/s(1970年8月)。

沙河:河床标高150m(东坚固)~170(佐村),平均坡度6.0‰,河床宽2 000~2 500m,沉积砂砾石厚14~21m,佐村—东坚固一段河道长3.3km,河床切割奥陶系灰岩,沉积物直接覆盖灰岩之上,沙河洪峰流量9 786m³/s(1963年8月6日)。

沙河及其支流南沙河、北沙河在流经石灰岩地段时漏失严重。

中关铁矿矿区内主要冲沟有中关、邑城两条。中关冲沟起于辛庄附近,经中关、下关在北常顺与邑城冲沟汇合并延伸出矿区。

随着地下水的过度开采,矿区附近的地表水体平时干涸无水,仅在雨季排泄洪流。

#### 1.2.1.2 矿区地质条件

**1. 地层**

中关铁矿位于太行山隆起东翼,武安凹陷北端,处于矿山、綦村、新城三岩体之间。矿区范围:东起小屯桥—三王村一线,西到矿山岩体东缘的显德旺、张沟一带,南到邑城,北至綦村岩体。

该区地层由老至新有下古生界寒武系、奥陶系,上古生界石炭系、二叠系,中生界三叠系和新生界第四系。寒武系、奥陶系主要出露于山麓及丘陵区,上古生界和中生界在区内地表很少出露,多被丘陵区和平原区第四系覆盖,而新生界第四系则遍及平原区、丘陵区及山区沟系。现将与矿区有关的地层概述如下。

1)古生界(Pz)

(1)寒武系($\in$):全厚283~627m。下寒武统($\in_1$)为紫色页岩夹砂岩,厚50~114m;中寒武统($\in_2$)主要为鲕状灰岩,厚192~314m;上寒武统($\in_3$)为竹叶状灰岩及泥质条带状灰岩,厚41~199m。

(2)奥陶系(O):厚513~907m。下奥陶统亮甲山组($O_1$)主要为白云质灰岩和白云岩,厚65~268m;中奥陶统马家沟组($O_2$)主要为厚层状灰岩、花斑状灰岩、角砾状灰岩及白云质灰岩等,厚448~639m,区域上分为3组8段。

(3)石炭系(C):缺失下石炭统,厚126~200m。中石炭统本溪组($C_2$)为铝土页岩、砂岩及泥岩,厚11~55m;上石炭统太原组($C_3$)为砂页岩,中夹数层薄层石灰岩和可采煤,厚115~145m。

(4)二叠系(P):厚980~1 036m。下二叠统($P_1$)为泥质灰岩、粉砂岩,中夹煤层;上二叠统($P_2$)为砂页岩互层。

2)新生界(Kz)

第四系(Q):平原区极为发育,厚度数百米,山区发育厚度不大,岩性为黄土和黏土砾石。中部丘陵地带发育有多种成因的黄土层、大面积的黏土砾石层和现代河床砂砾石层,厚度变化较大,一般30~100m,最厚可达264m(西石门矿区CK704孔)。

**2. 构造**

本区西部为太行隆起带,东接华北沉降带,区内主要发育有北北东向及北东向断裂构造,且以北北东向断裂为主;褶皱构造规模小。在矿床内,因受区域构造的影响,形成了次一级的小断层,有 $F_1$(矿)、$F_2$(矿)、$F_3$(矿)3 条断层。

#### 1.2.1.3 矿区水文地质条件

**1. 含水岩组概述**

在矿区范围内,发育有由早古生代到新生代所形成的沉积岩、火成岩和松散堆积物。根据含水层性质的不同可以划分为 4 个含水层组,即第四系松散岩类孔隙含水岩组,石炭系、二叠系薄层灰岩和砂页岩裂隙含水岩组,寒武系、奥陶系碳酸盐岩岩溶裂隙含水岩组以及燕山期岩浆岩风化裂隙弱含水岩组。

矿区内主要含水层是中奥陶统石灰岩含水层,其含水层在水平方向上和垂直方向上都有一定特征。中奥陶统石灰岩为矿床的直接顶板,是矿区主要含水层,分布于整个矿区,其下伏的矿层、闪长岩为相对隔水底板,上部的第四系黏土层及石炭系—二叠系地层均为相对隔水层顶板。灰岩仅经过 3 个"口子"和区域灰岩相连。

矿区石灰岩的产状,总趋势是走向北北东或北东,倾向南东,倾角 $10°\sim20°$。因受构造影响,局部有所变化。石灰岩的埋藏条件,大体上是西部和西北部较浅,中部和东南部深,西部和北部边缘较薄,中部厚度较大。矿区石灰岩含水层的水力性质目前为潜水,静水位标高在 60.5m 左右。

中奥陶统石灰岩为统一含水岩体,但裂隙岩溶发育程度及其富水性,主要受岩性、构造、火成岩、水动力场、水化学、充填物质和充填程度等控制。由于上述诸因素在不同地段作用强度不同,故其含水性极不均一。就本区而言,存在着明显水平分区和垂向分带的现象:在水平方向上,大体分 3 个大区,即强富水区、较弱富水区、极差富水区;在垂直方向上,可分为上部弱含水带、中部强含水带、下部弱含水带。

**2. 石灰岩地下水补给、径流条件**

矿区内石灰岩地下水系统为一半封闭的地质单元,由 3 个"口子"与区域石灰岩相连。1998 年以前,区域地下水自西部、西南部向东及东北流入中关铁矿矿区,至矿区中部汇合,因受綦村岩体阻隔,其中一部分地下水沿綦村岩体西侧"廊道"向北流出矿区,另一部分经东北"口子"流出矿区,向邢台泉群运动。目前由于大量的人工排水,西南和西部的地下水都经中关矿区向东汇集于凤凰山降落漏斗区。地下水的水力坡度为 $8‰\sim10‰$。

### 1.2.2 中关铁矿矿体侧向大型止水注浆帷幕工程

中关铁矿矿床位于邯邢铁矿田,是一个储量近亿吨、品位超过 46% 的优质矿山。与此同时,该矿山位于邢台百泉泉域地下水强径流带,经水文地质勘查矿山开采 $-230m$ 中段,矿坑涌水量可达 $15\times10^4 m^3/d$。

该区域内众多铁矿山采用传统疏干方式进行采矿,区域地下水降落漏斗逐年扩展,不仅造成区域内地下水资源严重破坏,而且造成了邯邢地区百泉泉域泉水断涌,严重影响邢台市区供水水源地的生态环境。如果中关铁矿采用传统疏干方式进行矿山开发,将进一步破坏区域地下水资源生态环境。作为负责任的大型国有企业,河北钢铁集团中关铁矿决定响应国家绿色矿山建设要求,实现矿坑水地表零排放,首先实施矿体周侧大型帷幕注浆工程。该工程帷幕线全长 3 397m,采用平面和垂向全封闭的形式,是目前国内经效果验证的规模最大的矿山帷幕注浆工程。

#### 1.2.2.1 目标要求

中关铁矿帷幕注浆工程堵水率要求不小于 80%。在帷幕注浆形成后,开采中段-230m 的预测矿坑涌水量见表 1-1。

表 1-1 帷幕后-230m 中段矿坑涌水量

| 开采时期 | 开采中段(m) | 丰水期($\times 10^4 m^3/d$) | 平水期($\times 10^4 m^3/d$) | 枯水期($\times 10^4 m^3/d$) |
| --- | --- | --- | --- | --- |
| 帷幕注浆处理治理前 | -230 | 15.03 | 12.22 | 9.92 |
| 帷幕注浆处理治理后 | -230 | 3.00 | 2.44 | 1.98 |

#### 1.2.2.2 帷幕线平面位置

中关铁矿矿区水文地质条件及矿体赋存特征确定帷幕线位置:南起 1—2 线,北至 6—7 线,南北方向最大长度 1 140m,东西方向最大宽度 890m,帷幕线全长 3 397m。该帷幕线圈定的矿量占中关铁矿全部矿量的 89.20%,在平面上以环形全封闭形式堵截了帷幕外地下水的正面径流,为达到 80%堵水奠定了基础。

#### 1.2.2.3 帷幕顶板

根据多年地下水位动态观测记载,水位年变幅不大于 40.0m,而且呈递减趋势。因此,在 60.5m 地下水位基础上,按 40.0m 的最大年变幅量设计帷幕顶板,可以避免幕外地下水在洪水期越过幕顶流入幕内,能够达到在洪水期保证矿山安全生产的目的,帷幕顶板标高设计在 100.0m。

#### 1.2.2.4 帷幕底板

依据矿体埋藏条件、开采深度及矿区水文地质条件,设计帷幕底板穿透中奥陶统($O_2$)灰岩及矿体进入下部闪长岩中 10.0m。

#### 1.2.2.5 帷幕厚度

合理的帷幕厚度能够保证帷幕的安全性和帷幕的防渗性能。该工程中设计帷幕厚度为 10m。

#### 1.2.2.6 帷幕的防渗性能

该次设计帷幕的防渗性能指标为 $q \leqslant 2Lu$。

#### 1.2.2.7 注浆孔排数与孔距

矿山帷幕注浆工程中,注浆孔的排数和孔距是决定工程工作量和投资成本的最主要参数,该工程设计为单排注浆孔,孔距为 12.0m。

#### 1.2.2.8 注浆段孔径

该工程中注浆段口径要求不小于 75mm。

理论上注浆段口径与注浆效果有一定的关系,一般注浆段口径选择范围在 $\phi 110 \sim 60$mm 之间。综合考虑经济合理性和工程特点,注浆段口径设计为 $\phi 91 \sim 75$mm,终孔孔径不小于 $\phi 75$mm。

#### 1.2.2.9 注浆段长度

设计注浆段长一般为 30m,根据透水性强弱可适当加密和放长。

### 1.2.3 中关铁矿井巷地表预注浆工程

根据场区工程地质和水文地质条件,中关铁矿溜破系统地表预注浆工程采用基岩固结注浆原理,以地表预注浆施工方式对溜破系统所处地层进行堵、排水注浆加固。根据场区工程地质条件和水文地质条件,该工程设计采用直孔与分支孔相结合的地面预注浆方法。

#### 1.2.3.1 注浆孔平面布置形式

注浆孔采用不等距的梅花形布孔方式(图 1-1),溜井部分孔距为 6.50m,破碎硐室和下部矿仓部分孔距为 4.45~7.70m,破碎硐室部分孔距为 4.88~7.50m。共设计钻孔 18 个,其中,溜井部分布置 6 个直孔(1、2、7、8、13、14),破碎硐室及下部矿仓部分布置 3 个直孔(6、9、16)、5 个分支孔(3、4、10、15、18),破碎硐室部分布置 1 个直孔(5)、3 个分支孔(11、12、17)。为了更好地达到堵水和加固的目的,该方案溜井部分钻孔分为两序施工(2-Ⅰ、7-Ⅰ、14-Ⅰ、1-Ⅱ、8-Ⅱ、13-Ⅱ),其余部分采用三序施工(5-Ⅰ、6-Ⅰ、9-Ⅰ、16-Ⅰ、3-Ⅱ、10-Ⅱ、12-Ⅱ、18-Ⅱ、4-Ⅲ、11-Ⅲ、15-Ⅲ、17-Ⅲ)。

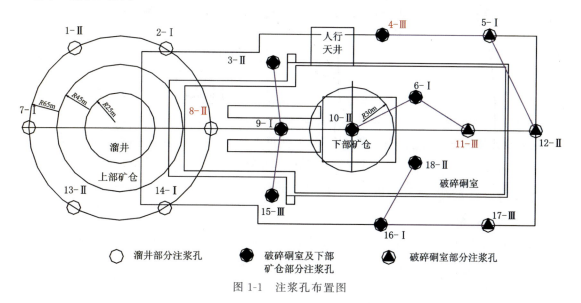

图 1-1 注浆孔布置图

#### 1.2.3.2 注浆孔垂向布置形式

主孔垂向布置为自地表施工至注浆底板;分支孔根据不同的偏斜距离,设计不同的偏斜段长,根据施工经验破碎硐室和下部矿仓部分的最大偏斜距离为7.7m,设计破碎硐室和下部矿仓部分分支孔的偏斜段长为160m。

### 1.2.4 中关铁矿矿坑水回灌工程

#### 1.2.4.1 回灌区域

回灌区的选择主要考虑地层透水性和帷幕的位置,地层透水性决定了回灌的能力,帷幕应防止回灌水返流。根据矿区的水文地质条件,回灌区域设计在帷幕以东250m处回灌试验区的东北侧(图1-2)。

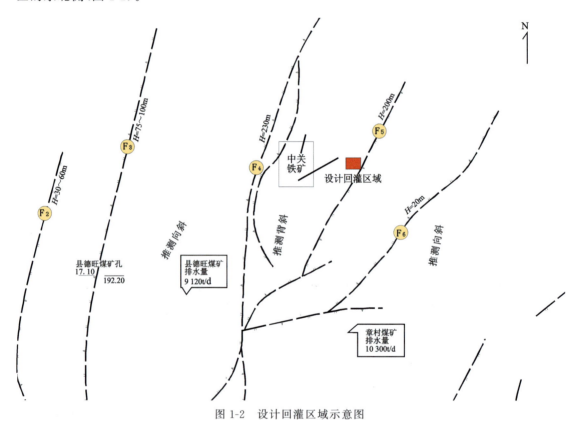

图1-2 设计回灌区域示意图

#### 1.2.4.2 回灌工作量

**1. 物探工作量**

矿区东部范围较大,为保证侦查孔和回灌井的成孔率,该设计采用可控源音频大地电磁方法(CSAMT)进行探测,探测地下裂隙岩溶发育带,确定较强透水带位置,为回灌井布置提供依据。工作区域初步确定为200m×500m范围,采用20m×50m网格进行测点布设,共11条测线,每条测线11个测点,总物理点121个。

**2. 侦查孔数量**

由于石灰岩含水层裂隙岩溶具极不均一性,因此回灌井施工前,需进行水文侦查,对该位置的水文地质情况进行勘察,每个回灌井设计1个侦查孔。侦查孔施工完成后保留,可作为后期回灌井回灌质量的检测孔。

**3. 回灌井数量**

考虑未来矿坑疏干的影响和区域水位的下降(矿区疏干后,帷幕内外水位差预计为150m),可导致标高-79.0m以上变为疏干段,同时也注意到地下水以上地段将来无法进行冲洗回灌产生的堵塞。因此,本次设计主要回灌段标高-300.0~-179.0m灰岩段。

设计矿坑水回灌量为$3\times10^4 m^3/d$,鉴于矿山帷幕顶板标高为100.0m,所以帷幕外回灌后地下水标高不得高于100m;根据回灌试验该回灌层位预计,单井回灌量可达到$496.8m^3/h$(回灌井水位抬升至90.0m时)。

回灌试验群井回灌公式(1-1):

$$S_{总} = 10^{\frac{\lg Q - \lg 1.85}{1.015}} + n \, 10^{\frac{\lg Q - \lg 24.7}{1.32}} \tag{1-1}$$

式中:$n$——增加回灌井数量,口;

$S_{总}$——回灌井内水位抬升高度,取回灌井水位抬升至90.0m时的高度,m;

$Q$——回灌量,$m^3/h$。

根据公式(1-1)计算该试验段回灌量:

当$n=1$时,回灌井水位抬升至90.0m,回灌量为$936.0m^3$;当$n=2$时,回灌井水位抬升至90.0m,回灌量为$1\,339.2m^3$。按以上数据分析,布置3口回灌井即能满足设计要求。考虑群井回灌对回灌能力的影响,长期回灌使回灌井产生堵塞,回灌能力降低,以及本矿区灰岩含水层岩溶裂隙发育的不均一性,回灌井可考虑6~10口。

该次回灌井数量按7口井设计,其中正常回灌时期为3口回灌和3口回扬,备用井数量1口,井位可根据实际情况调整。

#### 1.2.4.3 回灌水处理厂

在回灌试验期间,共采集中关铁矿附近生产矿山水样10件,进行水质检测。以国家《生活饮用水卫生标准》(GB 5749—2006)指标为检测合格标准,其中6项指标为不合格项目,分别为氟化物、浑浊度(散射浑浊度单位)、肉眼可见物、硫酸盐、溶解性总固体和总硬度(以$CaCO_3$计)。回灌水需对以上项目(以矿山实际检测的水质不合格项目为准)进行净化处理后回灌,需建设回灌水处理厂。回灌水净化厂区在主井东北部中关沟附近,占地面积约$1\,000m^2$。

## 1.3 研究内容

本书研究内容主要包括矿山帷幕注浆工程设计理论研究、帷幕注浆工程检测技术研究、注浆工程钻探技术研究、注浆工程制浆和自动化控制技术研究、矿坑水回灌技术研究等。

### 1.3.1 矿山帷幕注浆设计理论研究

矿山帷幕注浆技术作为一项应用技术,是目前国内矿山防治水的重要手段,起源于20世纪六七十年代,广泛应用于21世纪初,在近10年得到飞速的发展并逐渐成熟,但是由于帷幕注浆工程是水文地质工作中的一个分支环节,专业面相对较窄,在该领域内设计环节一直没有理论基础,所有的技术参数确定都是需要通过经验确定。设计理论的缺乏严重限制了矿山防治水帷幕注浆技术的发展、传播和应用。

本次设计理论研究主要是系统性整理在设计方面的新理论新方法,包括帷幕注浆工程实施程序和帷幕体防渗性能设计理论等。

### 1.3.2 帷幕注浆工程检测技术研究

由于帷幕注浆工程为典型的隐蔽工程,为确保最终的堵水效果必须注重注浆实施过程中的过程控制和自检手段。在检测方法中,布置检查孔最为有效和直观,但是由于检查孔的检查只能起到抽检的作用,如果需要达到全面的检查效果往往需要布置大量的检查孔,这会大幅增加工程的建设投资。

鉴于此,近几年随着物探技术的发展,帷幕注浆工程领域也逐渐引入了物探手段,配合检查孔形成整个帷幕体点、线、面全方位检查的理论体系。

帷幕注浆工程堵水效果评价一般分为两种类型,即直接评价和间接评价。直接评价一般针对生产矿山,其矿坑涌水量在帷幕注浆工程实施前后具有明显的对比性,但是,针对基建矿山帷幕注浆工程,矿山排水系统尚未形成或者尚不完善,矿坑排水没有形成稳定全面的数据,此时注浆效果评价往往需要采用间接手段,主要包括了堵水效果预测和帷幕体施工效果评价等。

### 1.3.3 注浆工程钻探技术研究

注浆施工受浆液扩散范围、钻孔排间距的影响,为保证浆液的有效搭接,注浆后能够形成连续的帷幕体,需要对钻孔轨迹有较高的技术要求,因此,帷幕注浆施工中钻孔控斜技术研究一直是该领域研究的重要方向。

另外,针对埋深较深的井巷、硐室地表预注浆工程,为节约非注浆段钻探工作量和节省工程投资,一般采用定向分支孔钻探工艺。常规分支孔施工工艺不仅造价较高,同时也没有系统性的工艺方法。鉴于此,井巷注浆领域急需开展新型定向分支孔钻探工艺研究。

针对上述情况,采用定向分支孔施工技术,选取少数注浆孔作为注浆主孔,在完成全孔注浆施工后,从钻孔的某一深度进行分支施工,利用分支孔进行注浆。为实现以上钻探工艺,在借鉴国内外相关资料的基础上,针对以下内容进行重点研究:

(1)根据工程本身的特点和地层岩性、裂隙发育因素,统筹设计受控定向分支孔的轨迹,理论设计是分支孔施工的关键。

(2)受控定向分支注浆孔相关施工工艺研究,确定配套工器具及造斜钻具组合,对施工设备进行选型,选择适合本施工工艺的钻探设备、定向设备以及其他配套工器具。

(3)受控定向分支孔造斜段钻进与注浆施工相关工艺问题研究。

(4)大口径受控定向分支孔施工工法研究。在完成对受控定向分支孔钻孔轨迹设计、施工设备、施工工艺研究的基础上,将施工工艺进一步归纳总结,以形成系统化的流程,并进行相应的受控定向分支孔施工工法的研究。

### 1.3.4 注浆工程制浆和注浆自动化控制技术研究

传统的矿山帷幕注浆工程极少采用先进的设备来提高制浆的生产效率和计量精度,多是利用人工制作浆液来控制浆液质量;在注浆过程中也是人工计量注浆流量、压力等参数;材料用量和注浆资料的整理是在这些资料的基础上进行的,出现资料混乱和错误的可能性很大。

另外,矿山帷幕注浆工程形成后会建立系统的地下水监测系统,矿山帷幕注浆工程地下水位监测是保证矿山生产安全的重要手段,而这些水位数据原来全为人工定期进行监测,从时间和资金上都造成了很大的浪费,给测量和控制带来了一定的麻烦和不便,同时也容易出差错,所以研究自动水位观测系统势在必行。

### 1.3.5 新型注浆材料的研究与应用

矿山注浆领域尤其是矿体侧向帷幕注浆工程在注浆材料选择上一般遵循"因地制宜、绿色环保"的理念。近年来,采用传统的单液水泥浆逐渐向采用混合浆液转变,尤其是改性黏土类混合浆液。

对于以黏土为主的注浆材料来说,混合浆液性能及制备工艺的研究相对缺乏。在帷幕注浆工程中,注浆材料的性能及不同的混合浆液配比对工程施工进度和质量存在重要影响。通过对混合浆液各项性能指标的研究,可以更为全面地了解浆液性能,研究满足不同裂隙和地层透水性的浆液配比,进而分析不同配比浆液的经济性能指标,为类似工程选择既合适又经济的注浆材料提供技术理论数据。

基于上述情况,必须对黏土及其混合浆液进行详细研究,掌握其主要特性。一方面指导现场生产,另一方面能够为帷幕注浆工程中混合浆液制备工艺及配套设备研发提供技术依据。为了全面剖析黏土-水泥浆液性能特征、现场浆液配比及实际应用的可行性,在借鉴国内外相关资料的基础上,针对以下内容进行重点研究。

**1. 黏土基本性质**

根据注浆材料的要求,对不同进场批次的黏土作以下分析研究:

(1)颗粒分析试验:测定黏土的颗粒大小及组成。

(2)液塑限试验:测定黏土的液塑限,确定黏土土质类别。

(3)有机质含量试验:测定黏土中有机物成分的含量,更全面地了解黏土本质,为浆液配置提供依据。

**2. 黏土基浆及改性黏土混合浆液性质**

对黏土基浆及改性黏土混合浆液的流变性、黏度、含砂量、稳定性、初终凝时间、浆液结石体结石率等性能进行详细的分析研究。

在此基础上,建立改性黏土混合浆液不同性能的配比单。

**3. 高压注浆环境下改性黏土混合浆液性能**

在掌握改性黏土混合浆液性能的基础上,进一步研究高压注浆环境下混合浆液的各种性能,可有效控制浆液的扩散半径,使浆液有效搭接,避免浆液的浪费。

### 1.3.6 矿坑水回灌技术研究

由于中关铁矿处于邢台百泉泉域地下水强径流带中,矿区中奥陶统石灰岩含水层裂隙岩溶发育,透水性强,富水性好,与区域含水层连通性好,是矿区主要含水层。以上特点为中关铁矿实现矿坑水回灌提供了有利的地质条件,即强大的地下水储水空间。同时,中关铁矿采用全封闭型帷幕注浆方法堵截矿山地下水,为人工回灌提供了有利的工程条件。为实现矿坑水回灌,在借鉴国内外相关资料的基础上,针对以下内容进行重点研究。

**1. 回灌区域平面位置的研究**

根据矿区水文地质条件、工程地质条件和地表设施的建设情况,初步选择回灌区域的具体位置,回灌区域的正确选择是回灌工程实施的关键。

**2. 回灌区域回灌层位的研究**

通过钻探、压水试验、水位观测、物探测试等技术手段确定具体的回灌层位。

**3. 回灌层位回灌能力的研究**

通过回灌测试,对回灌层位的回灌能力和影响范围进行研究。

**4. 回灌水质及水质监测研究**

对矿坑水进行取样化验,确定其主要污染物指标,针对主要污染物进行处理,使其达到回灌水质要求。

## 1.4 国内外研究现状

中关铁矿近10年开展的3个阶段矿坑水防治和矿区地下水生态环境综合治理工程涉及矿体侧向大型帷幕注浆工程、井巷地表预注浆工程和矿坑水回灌工程,上述治理工程在时间上相互衔接,在技术上相互关联,具有整体性、系统性和彻底性等特点,是大水型矿山首次实现了矿坑水地表零排放的绿色环保矿山。

依托上述工程开展的"大水型矿山矿坑水综合治理关键技术"项目涉及钻探工艺、注浆工艺及注浆理论、注浆材料、注浆自动化、注浆效果物探监测等多方面技术研究,国内外虽有一定的研究基础但是其研究仅限于其中某个方面,并且其研究深度及成果远达不到矿山地表水零排放要求。

例如:在注浆材料及制浆工艺方面。长沙矿山研究院在"岩溶大水矿山改性黏土帷幕注浆水害控制技术研究"项目中开展的"高速高效输料粉碎搅拌制浆工艺"研究,实现了黏土材料的初步加工,但是在改性黏土浆液自动化制备、浆液性能参数监测以及注浆自动化上的研究深度探索不够,另外它提及的"分区不等距大孔距布孔法",在《矿山帷幕注浆规范》(DZ/T 0285—2015)中已有论述,并且该方法为普通常用方法,布孔后仍未突破中关铁矿12m钻孔孔距的研究成果。在《帷幕注浆技术在复杂富水金属矿山防治水中的应用》(贾朋涛,2013)中所涉及的技术参数均为行业内传统技术要求,并且该项目仅处于前期研究阶段,项目最终没有实施和验证。另外,张命桥(2007)在《乱岩塘汞矿高压地下水防治研究》中,张博等(2016)在《半封闭式帷幕注浆堵水技术在铜山铜铁矿的应用》中论述了局部帷幕的应用与研究,取得的成果与中关铁矿项目要求的平面和垂向采用全封闭帷幕形式,无论是在技术难度还是在项目治水效果上均不具备可比性。

在竖井、井巷地表预注浆方面,在钻探工艺研究领域,宋建国等(2014)的《螺杆定向钻井技术在煤矿注浆堵水工程中的应用》、邱显水和刘文静(2005)的《定向钻进技术在刘庄煤矿地面预注浆工程的应用》和唐山开滦建设(集团)有限责任公司的专利《多分支孔地面预注浆堵水施工方法》(CN 201610541442.6)等研究成果多集中在煤炭行业,其主要特点是采用水源钻机作为钻探设备,采用螺杆钻具进行定向和分支,其分支孔造斜距离一般在50m以上,与本项目研究成果要求分支孔造斜距离不大于3m具有较大的技术差距。

国内外矿坑水回灌工程开展项目较少,主要是由于其限定条件较多、技术难度较大等原因造成的,回灌工程对回灌系统的回灌能力、回灌水质、回灌水回流等都有较高的要求。李世峰等(2012)《矿井废水回灌工程试验研究》和王学峰和曹宏玉(2012)《矿山水回灌技术的应用与研究》分别对矿坑水回灌进行了初步的探索研究,获得的成果相对较少,尤其是在单口井大流量回灌、回灌水水质处理以及回灌水回流等方面的研究尚属空白。

基于上述分析,在大水型矿山矿坑水治理领域,中关铁矿先期采用矿体侧向大型帷幕注浆工程切断80%以上的矿坑水地下水力联系,矿山建设过程中采用井巷地表预注浆工程系统治理井巷工程涌水,矿山运营期采用矿坑水回灌工程将帷幕内20%的剩余排水回灌到区域地下含水层中,真正实现矿坑水地表零排放治理效果。依托上述工程实施的"大水型矿山矿坑水综合治理关键技术",系统、整体、彻底开展的涉及钻探工艺、注浆工艺、注浆理论、注浆材料、注浆自动化、注浆效果物探监测等多方面的技术研究成果在国内外极为罕见。

## 1.5 研究方法及技术路线

本研究课题的开展主要依托中关铁矿矿坑水防治和矿区地下水环境综合治理工程,主要包括矿体侧向帷幕注浆工程、竖井硐室地表预注浆工程和矿山回灌工程。在实施时间安排上项目开展过程为:在矿山建设初期实施矿体周侧帷幕注浆工程,以切断拟开采矿体及开采范围内井下采矿系统与区域地下水80%的水力联系;在矿山建设过程中对于未疏干的帷幕体内布置的竖井、重要硐室采用地表预注浆手段对地下水进行治理,确保井巷工程掘进工作面涌水量小于$10m^3/h$;在矿山运行期采用矿坑水回灌手段将帷幕内剩余的20%地下水经净化处理后回灌到帷幕外区域含水层中,以实现矿坑水地表零排放目标。

本研究课题主要包括矿山帷幕注浆工程设计理论研究、帷幕注浆工程检测技术研究、注浆工程钻探技术研究、注浆工程制浆和自动化控制技术研究、矿坑水回灌技术研究等内容。针对有关研究内容在国内外尚属空白的实际情况,上述研究工作主要采用现状调查分析、理论计算、数值模拟、设备开发、总结经验、现场试验、工业应用等手段。

具体研究方法及技术路线如图1-3所示。

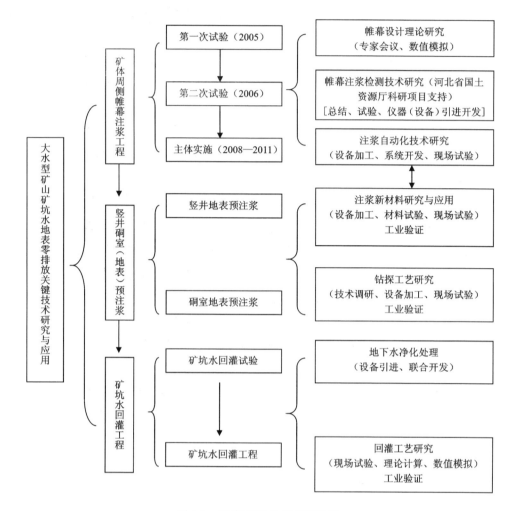

图 1-3 研究方法及技术路线图

## 1.6 研究成果

"大水型矿山矿坑水综合治理关键技术"研究课题取得众多技术成果,主要包括以下方面。

1)《矿山帷幕注浆规范》(DZ/T 0285—2015)

该规范是行业内首次颁布的矿山帷幕注浆行业标准,其主要内容包括帷幕注浆设计、帷幕注浆工程施工、帷幕注浆效果检验、监测、竣工资料与验收等。

该规范在行业内首次提出了帷幕注浆工程规模划分标准、帷幕注浆设计阶段划分、帷幕注浆工程建设程序、帷幕注浆工程防渗标准确定方法及帷幕注浆工程钻孔孔距确定方法等内容。

2)发明专利

矿山单排孔帷幕注浆钻孔孔距确定方法(ZL200910263935.8)：该项发明用于解决合理确定帷幕注浆孔孔距问题,突破了帷幕工程注浆孔孔距10m的施工惯例,结合帷幕注浆各项参数,采用试验和理论相结合的方法确定合理的注浆孔孔距,实现了以合理工程投入,达到最佳注浆堵水效果。试验表明,按照该方法确定的孔距注浆,其检查孔渗水率均可达到要求,质量检测合格。该发明在保证帷幕效果的同时,节约了投资成本,缩短了施工工期,具有较好的经济效益。

矿山帷幕注浆效果判定方法(ZL201010508003.8)：该项发明用于解决帷幕注浆效果判定方法严重滞后于工程质量管理问题。该方法可以在帷幕注浆单孔单段阶段,根据注浆量和注浆压力的变化实时做出注浆效果判断,对不符合注浆条件的及时采取补救措施,使工程质量管理与工程进度同步进行,有效加快工程进度,提高工程管理水平。

矿山堵水帷幕湖泥浆液制备工艺及其设备(ZL201410220953.9)：该发明专利在矿山帷幕注浆领域中对湖泥浆液的制备工艺和湖泥处理设备进行改进。与已有技术相比,该发明可采用各种湖泥作为原材料,从湖泥处理工艺上控制湖泥质量,在浆液制备过程中大大减少废浆的产生,制成的湖泥浆液性能更稳定、含沙量低、比重高、质量大为提高,合格率大为增加,达到了湖泥浆液工业化制备的要求,更有利于环保,具有重大的经济效益和社会效益。

混合注浆液现场自动制备系统(ZL201410063830.9)：该发明为矿山帷幕注浆领域和水利防渗注浆技术领域提供了一种混合注浆液现场自动制备系统。该系统实现了浆液的现制现用,避免了浆液的浪费,且系统操作简便,单人可独立完成,节约了人力物力,保证了浆液质量,大大提高了经济效益及社会效益。

注浆帷幕钻孔结构(ZL201610964790.4)：该发明提供了一种注浆帷幕钻孔结构及其施工工艺,在直注浆孔内沿高度方向上设置若干与直孔连通的向周围辐射延伸的分支注浆孔,从而提高导水裂隙揭露率,增大浆液扩散半径,保证注浆效果,大大降低直孔数量和钻探工作量,减少了矿方投资成本,具有重大的经济效益和社会效益,而且由于直孔间距的增大,使处于高山峻岭的矿山采用巷道内帷幕注浆方式堵水成为可能。

3)实用新型专利

垂直钻孔陀螺偏心纠斜装置(ZL200920254204.2)：该实用新型专利提供了一种垂直钻孔陀螺偏心纠斜装置,具有结构简单、使用方便、应用范围广的特点。该装置可以很好地控制钻孔的偏斜范围,可使钻孔的钻进轨迹重新回到设计范围内,不受钻井液水压和流速的影响,提高了小口径钻探的钻探精度。

无线远程水位自动监测装置(ZL201020609067.2)：该实用新型为一种无线远程水位自动监测装置,由现场数据采集、传感装置,存贮、处理等中心控制站,水位监控软件3部分组成。该装置为监测和无线传输水位数据提供了方便,具有准确、及时、快速的特点,大大降低了监测成本,提高了工作效率,特别适合于野外和远距离使用,可广泛用于水库、江、河、湖泊、灌渠和矿山等的水位监测。

4)软件著作权

陀螺测斜定向仪数据采集与处理程序系统(GyroSProcess)2018SR306726；GyroSProcess

在界面与操作流程与配套陀螺测斜仪一致。该软件实现了在 Windows XP 上工作，将原来 RS232 串口通信改为了 USB 通信，增强了软件适用性。该软件还增加了对绞车的控制，实现了自动测斜作业；其数据导入功能，大大缩短了测斜作业时间；通过 AutoCAD 编程，可生成 AutoCAD 格式的三维钻孔轨迹；生成的数据还可导入 Office；可实现陀螺漂移数据的记录、存储与再现。目前该软件已多次投入工程应用，反响较好。

# 2 帷幕注浆工程设计理论

## 2.1 工程规模划分

建设工程规模是确定工程技术参数、工程投资和建设程序的重要依据。长期以来,矿山帷幕注浆工程一直没有定量的工程规模划分标准,以上情况极大制约了该行业的技术发展。

本研究认为衡量帷幕注浆工程规模的参数应该有钻探工作量和注浆工作量两个基本参数,依据对国内帷幕注浆工程的调查统计结果,钻探工作量超过 $10\times10^4$ 延米的不超过 20%,低于 2 万延米的工程数量也在 20% 以内。鉴于此,对于钻探工作量进行划分,认为 $10\times10^4$ 延米和 $2\times10^4$ 延米是重要的划分节点。同样对于注浆量的划分的重要节点是 $15\times10^4\,m^3$ 和 $5\times10^4\,m^3$。

基于上述调查结果,根据帷幕钻探和注浆工作量可将矿山帷幕注浆工程分为以下 3 个等级。

大型:钻探延米大于 $10\times10^4\,m$,或注浆量大于 $15\times10^4\,m^3$;

中型:除大型、小型以外的工程;

小型:钻探延米小于 $2\times10^4\,m$,且注浆量小于 $5\times10^4\,m^3$。

## 2.2 设计阶段划分

常规的建设工程一般存在初步设计和施工图设计两个阶段,但是由于帷幕注浆工程是典型的隐蔽工程,初步设计的合理性需要通过帷幕注浆试验来确定,同样帷幕注浆试验是初步设计深入到施工图设计阶段的重要环节。鉴于此,帷幕注浆试验应该是帷幕注浆设计阶段中的重要环节。帷幕注浆设计应该分为初步设计、帷幕注浆试验及施工图编制 3 个阶段。

但是,针对一些水文地质条件简单、工程规模较小的帷幕注浆工程,可根据实际情况合并设计阶段,比如在初步设计的基础上,采用信息化施工,勘察、试验可安排在主体施工阶段。

## 2.3 建设程序确定

国内矿山帷幕注浆工程数量虽然达到 50 多个,但是一直没有形成规范的建设程序,各个帷幕注浆工程各自为政,无章可循。

经过梳理,国内矿山帷幕注浆程序可遵照如图 2-1 所示的流程。

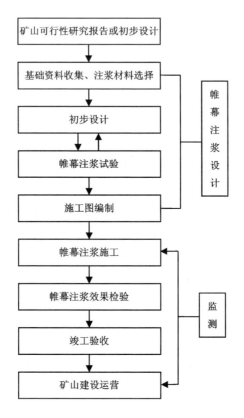

图 2-1 矿山帷幕注浆程序流程图

### 2.3.1 帷幕注浆工程的提出

帷幕注浆工程一般应该在矿山建设初期,在矿山水文地质研究的基础上,由设计部门在矿山可行性研究报告或者初步设计中提出。

当然这项规定是针对基建矿山而言,如果是生产矿山遇到水患问题,可参照上述流程状态提出矿山防治水可行性研究报告。矿山防治水可行性研究报告中应该包含项目背景、项目必要性、项目可行性、项目内容技术方案、投资估算、效应分析、预期效果、风险分析等内容。

### 2.3.2 帷幕注浆试验

试验阶段是矿山帷幕注浆工程建设的重要过程,是衔接初步设计和施工图设计的重要环节。试验阶段具有施工的性质,在工程部署和技术要求上和主体施工阶段具有一定的类似性。但是,由于矿山帷幕注浆工程具有典型的隐蔽工程特点,初步设计时获取的地质信息可靠性较低,需要在试验阶段对帷幕注浆初步设计参数进行验证或修正。试验阶段获取的数据是施工图编制的重要依据。鉴于此,帷幕注浆试验阶段应该属于设计阶段的一个重要环节。

### 2.3.3 工程验收

矿山帷幕注浆工程建设具有投资大、工期长、堵水效果验证困难等特点,因此,对于工程验收,参建方均比较慎重。建设方希望竣工验收与堵水效果验证结果相关,施工方希望施工完成后立即进行验收。

鉴于上述情况,综合考虑各方关切,帷幕注浆工程竣工验收可划分为施工工作量验收和堵水效果验收两个阶段。

## 2.4 技术参数设计

### 2.4.1 帷幕体防渗指标确定

目前,帷幕注浆技术用于大水型矿山的地下水治理尚处于初始阶段,发展相对滞后,成熟的经验和完善的理论相对较少。因此,在矿山帷幕注浆工程设计中一般遵循下列程序:

(1)根据工程施工经验确定帷幕注浆参数,主要包括孔距、孔径、孔深、注浆段长、注浆压力、注浆材料、浆液配比等技术参数。

(2)根据确定的工程技术参数进行帷幕注浆试验,并对上述参数进行验证。

(3)根据帷幕注浆试验情况,修改完善帷幕注浆设计参数。

(4)根据最终确定的技术参数进行帷幕主体施工。

(5)根据施工结果(一般采用检查孔验证其效果),得到帷幕体的抗渗性能,主要包括堵水率(%)、帷幕体抗渗标准(Lu)。

由上述矿山堵水帷幕设计施工程序可知,矿山最终治水效果——堵水率及帷幕体抗渗标准在帷幕体形成前是无法确定的,即施工效果只有在施工完成后经过检查孔验证后得到,无法在事前提出相应的技术标准和要求。这就使得在矿山治水帷幕设计施工中无法事前提出具体的质量目标,因此,既不利于矿山帷幕注浆施工队伍选择,也不利于帷幕施工中的质量控制,在一定程度上影响了工程施工质量、矿山安全及经济效益。

本次研究的目的是提供一种堵水帷幕渗透性反演分析方法,利用该方法能够为帷幕注浆设计阶段提供工程质量标准,即堵水率和帷幕体抗渗标准。

上述计算方法可采用有限元数值分析法,其反演分析过程如下:

(1)建立矿区水文地质模型。

(2)确定边界条件,建立数值计算模型。

根据水文地质条件,写出相应的数学模型:

$$\begin{cases} \dfrac{\partial}{\partial x}\left(KM\dfrac{\partial H}{\partial x}\right)+\dfrac{\partial}{\partial y}\left(KM\dfrac{\partial H}{\partial y}\right)-\varepsilon\cdot E(x,y)+\omega\cdot F(x,y) \\ -\sum_{i=1}^{m}Q_i\delta(x-x_i,y-y_i)=\mu\dfrac{\partial H}{\partial t} \quad (x,y)\in\Omega, t\geqslant 0 \\ H(x,y,0)=H_0(x,y) \quad (x,y)\in\Omega, t=0 \\ H(x,y,t)=H_e(x,y,t) \quad (x,y)\in\Gamma_1, t>0 \\ KM\dfrac{\partial H}{\partial n}=q_e(x,y,t) \quad (x,y)\in\Gamma_2, t>0 \end{cases} \quad (2\text{-}1)$$

式中：$H$——地下水位，L；

$K$——渗透系数，m/d；

$M$——含水层厚度，m；

$L$——降水入渗强度，L/T；

$E(x,y)$——在降水入渗区时，其值为1，非河流入渗区时，其值为零；

$\mu$——在承压区为贮水系数，在无压水区为给水度；

$H_0(x,y)$——初始水位，L；

$H_e(x,y)$——一类边界水位，L；

$q_e(x,y)$——单宽流量，L·L/T；

$\Omega,\Gamma_1,\Gamma_2$——渗流区域、一类边界、流量边界。

（3）根据已有的水文地质条件进行模型的拟合和处理。

（4）进行数值计算，在数值模型的基础上，求帷幕墙的渗透系数和内外地下水水位高差及抗渗性标准。

（5）根据确定的质量标准设计帷幕技术参数，主要包括孔距、孔径、孔深、注浆段长、注浆压力、注浆材料、浆液配比等技术参数。

以中关铁矿帷幕注浆工程为例加以说明上述方法应用情况。

**1. 含水层结构的概化**

矿区主要含水层为中奥陶统灰岩岩溶裂隙含水层，它分布在岩浆岩体与武安盆地相对隔水体之间，下有燕山期闪长岩托底，上部为石炭系、二叠系及第四系覆盖，区内含水层顶底板起伏不平，含水层厚度较大，渗透性和贮水性不均一，宏观上各向异性不太突出，因此，将含水层概化为非均质各向同性承压—无压含水层。根据地下水运动特征，忽略地下水的垂向运动，将地下水运动按平面二维非稳定渗流问题处理。

**2. 边界条件的概化**

根据区域地下水补给及排泄情况，将水文地质模型边界条件简化为以下几部分（图2-2）：

（1）东北"口子"和北部"口子"（$L_1$、$L_2$）边界。该边界是计算区的天然排泄口，根据边界附近观测孔的地下水位动态资料作为一类边界。

（2）北洺河"口子"和西北"口子"（$L_3$、$L_4$）边界。北洺河"口子"西部老地层只发育基岩裂隙水，透水性很弱，且由于山高坡陡，降水大部分变为表流汇入河床，故地下径流量较小。西北"口子"由于沙河大量渗漏，侧向流量很大。二者均按二类（流量）边界处理。

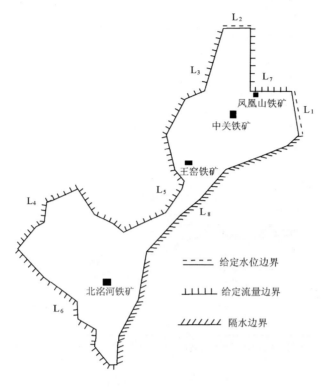

图 2-2 计算区域及边界条件示意图

(3) 闪长岩周边($L_5$—$L_7$)边界。闪长岩风化裂隙水对灰岩含水层有相对稳定的补给,补给强度各处不一,都按二类(流量)边界处理。

(4) 东部煤系地层边界($L_8$)。玉泉岭-郭二庄断裂带以东,中奥陶统灰岩埋藏很深,岩溶裂隙不发育,径流微弱,可视为相对隔水边界。

**3. 对垂向交换量的处理**

(1) 大气降水补给量:根据灰岩裸露区及第四系薄层覆盖区的地表岩性、地貌等因素,概化为几个降水入渗系数不同的小区,并根据降水入渗系数经验值给出初值,待模型识别后确定。

(2) 河流入渗补给量:根据河流渗漏段的岩性、地貌等因素,将研究区分为几个入渗强度不同的小区,并按照勘探及前人研究成果、降水量和水库的放水情况给出入渗强度的初值,经模型调试后确定。

(3) 地下水人工开采量:根据实际调查资料,按不同时段分别加在开采结点上。

**4. 数值模型建立及识别**

为了求解数学模型,采用三角网格有限差分方法建立数值模型。首先采用三角网格剖分渗流区域,剖分时按重点研究区适当加密、其他区域适当疏一点的原则,并将各观测孔尽可能与结点重合。

为了使所建的数值模型能够正确地反映研究区的实际水文地质条件,原数值模型利用

1994年1月—2003年12月期间的部分地下水动态资料(显德旺煤矿中心观测孔的地下水动态资料),对数值模型进行识别和验证。模型识别过程中,基本保持原数值模型水文地质参数不变。由于近几年区内矿坑排水量很大(特别是王窑铁矿和凤凰山铁矿),但排出的水量基本上没有超过计算区域以外,除一部分被利用和蒸发消耗外,还有一定量的水又重新回渗补给地下水,在模型识别时给予了考虑。

模型识别结果见地下水动态拟合曲线(图 2-3)。模型识别结果表明建立的模型是正确、可靠的。

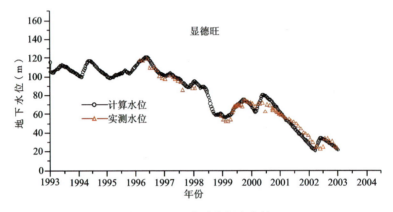

图 2-3　地下水动态拟合曲线

### 5. 矿坑涌水量预测

(1)利用数值模型进行矿坑涌水量预测,其水文地质参数保持不变。

(2)边界侧向补给量、降水入渗量、河水入渗量均按我们设置的枯水年、平水年、丰水年及偏枯的平水年的降水量,参考模型识别时相应降水量年份的补给量给出。

(3)矿坑涌水量预测时,地下水开采量保持 2003 年开采量不变。

(4)一类边界水位的设置:为了不使矿坑涌水量预测受边界影响太大,矿坑涌水量预测时,在一类边界外侧距离足够远的地方(这次设定为 20km)设置一排结点作为一类边界结点,其值相当于预测计算时的水位值(枯水季节设置为 10m,丰水季节设置为 15m),这样一来,将大大减小边界对矿坑涌水量的影响。矿坑涌水量预测结果见表 2-1、表 2-2。

表 2-1　各水平矿坑疏干量及疏干时间

| 疏干水平<br>(m) | 疏干量<br>(m³/d) | 疏干时间<br>(d) | 疏干水平<br>(m) | 疏干量<br>(m³/d) | 疏干时间<br>(d) | 疏干水平<br>(m) | 疏干量<br>(m³/d) | 疏干时间<br>(d) |
| --- | --- | --- | --- | --- | --- | --- | --- | --- |
| −110 | 300 000 | 140 | −110 | 250 000 | 210 | −110 | 200 000 | 390 |
| −170 | 250 000 | 80 | −170 | 220 000 | 160 | −170 | 200 000 | 250 |
| −230 | 250 000 | 60 | −230 | 220 000 | 100 | −230 | 200 000 | 220 |

表 2-2　各水平矿坑涌水量预测表　　　　　　　　　　单位：$\times 10^4 \text{m}^3/\text{d}$

| 开采水平 | 丰水年 | | 平水年 | | 枯水年 | |
| --- | --- | --- | --- | --- | --- | --- |
| | 最大 | 最小 | 最大 | 最小 | 最大 | 最小 |
| −110m | 13.37 | 10.63 | 10.68 | 8.48 | 8.48 | 7.16 |
| −170m | 14.19 | 11.38 | 11.51 | 9.27 | 9.23 | 7.81 |
| −230m | 15.03 | 12.15 | 12.22 | 9.95 | 9.92 | 8.22 |

注：王窑铁矿、凤凰山铁矿矿坑排水量回渗补给地下水量分别占矿坑排水量的 37.5% 和 58.3%。

**6. 帷幕体渗透性能预测结果**

根据矿山地下水治理需要，确定帷幕体性能指标：堵水率、抗渗指标。确定的质量目标：帷幕形成后矿坑涌水量减少 80%，即质量目标为堵水率 80%。

采用数值计算等手段进行帷幕体厚度及抗渗标准反分析。反算流程如图 2-4 所示。

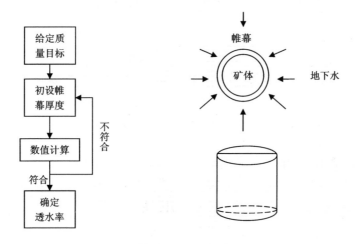

图 2-4　数值法反算过程及帷幕注浆堵水效果示意图

(1) 通过水文地质模型建立数值计算模型，在此基础上，沿矿坑周边结点上设置一层 10m 宽的帷幕墙，使矿坑正常涌水量减少 80%，求帷幕墙的渗透系数和内外地下水水位高差及抗渗标准，最终计算结果为：当设计满足涌水量减少 80% 的质量要求时，帷幕体厚度达到 10m，帷幕体抗渗标准为小于 0.08m/d。

(2) 根据确定的质量标准设计帷幕技术参数，主要包括孔距、孔径、孔深、注浆段长、注浆压力、注浆材料、浆液配比等。

## 2.4.2　钻孔孔距计算

帷幕注浆钻孔孔距是帷幕注浆设计的重要技术参数。帷幕注浆钻孔孔距大多根据成功实例的经验确定：相对均质的裂隙含水层一般设计为 8～12m；构造岩溶通道导水含水层一般小于 5m。

近年来经过研究,近似计算法确定帷幕钻孔孔距逐渐成熟,其计算过程如下。
单排注浆孔距可按式(2-2)计算:

$$a = \sqrt{4R^2 - L^2} \tag{2-2}$$

式中：$a$——注浆孔间距,m;
　　　$L$——帷幕厚度,m;
　　　$R$——浆液扩散半径,m。

牛顿流体浆液扩散半径 $R$ 可按式(2-3)计算:

$$R = 2.21\sqrt{\frac{0.093(P-P_0)Tb^2 r_0^{0.21}}{\eta}} + r_0 \tag{2-3}$$

$$T = \frac{1.02 \times 10^{-7} \eta (R^2 - r^2) \ln(R/r_0)}{(P-P_0)b^2} \tag{2-4}$$

式中：$P$——注浆孔内压力,MPa;
　　　$P_0$——裂隙内静水压力,MPa;
　　　$T$——注浆时间,s;
　　　$b$——裂隙宽度,m;
　　　$r_0$——注浆孔半径,m;
　　　$\eta$——浆液初始黏度,Pa·s。

宾汉流体浆液扩散半径 $R$ 可按式(2-5)近似计算:

$$R = P\delta/2\tau \tag{2-5}$$

式中：$P$——注浆压力,MPa;
　　　$\delta$——裂隙宽度,m;
　　　$\tau$——浆液屈服强度,MPa。

## 2.5 小结

矿山帷幕注浆设计理论研究在帷幕注浆工程规模划分、设计阶段划分、建设程序确定以及帷幕体防渗指标确定和钻孔孔距确定方面取得如下重要成果：

(1)在国内矿山帷幕注浆领域首次提出矿山帷幕注浆工程规模划分应该以钻探延米及注浆方量为划分依据,并且将其划分为大型、中型和小型帷幕注浆工程。

(2)在国内矿山帷幕注浆领域首次提出矿山帷幕注浆工程设计阶段应该划分为初步设计、帷幕注浆试验和施工图设计3个阶段,其中帷幕注浆试验虽然具有施工性质,但是其重要作用在于对初步设计参数验证和为施工图设计提供基础数据,因此帷幕注浆试验工程属于设计阶段的一个重要环节。

(3)系统性地提出矿山帷幕注浆工程建设程序。

(4)在国内矿山帷幕注浆领域首次提出矿山帷幕注浆工程堵水率和施工质量控制指标之间的相互关系的确定方法,即可以采用数值拟合的方法确定帷幕堵水率和帷幕透水性之间的相互关系。

(5)钻孔孔距确定可采用查表等经验方法确定,也可以采用理论公式进行计算。研究成果中给出的理论计算方法和查表经验确定方法相互印证,并且趋于一致。

# 3 帷幕注浆工程检测技术

## 3.1 帷幕体检测技术

帷幕注浆工程属于典型的隐蔽工程,施工过程中对其质量控制和评价一直是行业内的难题。由于注浆检测技术研究相对滞后,使得帷幕注浆工程实施过程中的质量控制具有较大的不确定性,例如受注地层的裂隙发育情况、浆液的扩散范围、受注地层空隙填塞程度、注浆后浆液结石体的稳定性、注浆结石体的透水性和耐久性等方面。基于上述现状,对帷幕注浆工程施工过程中的效果检测,需要采用点、线、面结合的综合检测方法才能得到全面准确的评价。

### 3.1.1 施工过程检测方法

在帷幕注浆施工过程中注浆效果检测方法如下:

(1)每个注浆段注浆结束后,根据扫孔时冲洗液的消耗量计算注浆段单位透水率,$q \leqslant 2Lu$ 本段注浆效果良好,$q > 2Lu$ 则需要重新对本段进行注浆。注浆孔完成最后一段注浆后,扫孔到井底进行全孔压水试验,全孔的单位透水率 $q \leqslant 2Lu$,全孔注浆合格,否则查找漏浆位置后重新注浆,直至达到设计要求。

(2)利用检查孔的压水试验和岩芯编录检查帷幕注浆施工质量,检查指标为检查孔压水试验的单位透水率 Lu 值,检查孔应达到以下标准:①检查孔各压水试验段的单位透水率应小于 2Lu 为合格;②各压水试验段合格率应为 90% 以上,不合格段的透水率值不超过设计规定值的 150%,且不集中;③检查孔的岩芯采取率不应小于 70%;④检查孔的岩芯中应能采取到水泥浆液结石;⑤经检查达不到设计要求的地段,及时研究补救措施。

上述检测方法虽然能够对注浆效果进行及时检测,但由于各种方法自身的不足,不能对整体连续性进行全面的评价。

### 3.1.2 井间电阻率成像技术

上述检测方法施工过程中对每个注浆段、注浆孔进行注浆效果检测,只能在点、线上进行检测,而在两注浆孔中间不能进行有效检测。同样,帷幕注浆工程结束后在帷幕线上布置若干检查孔,能够对两钻孔中间进行部分检测,但是检查孔布置数量有限,一般为注浆孔数量的10%,在帷幕线上采样率低,对检查孔以外的地段不能进行有效检测。基于此,物探测试成为帷幕注浆工程效果检测的重要技术措施之一。地层电阻率与地层的岩性、岩石孔隙及孔隙中流体性质有直接的关系,因此,电阻率成像技术对于识别断层、破碎带、水体及地层透水情况等方面的问题具有特殊的意义。

#### 3.1.2.1 测试原理

井间电阻率成像技术是利用探测区周围各个不同观测点直流电源激发的电场所产生的电位或电位差的不同,来研究探测区域内介质电阻率的分布情况。一般是在一钻孔中按一定间距设置直流电源点,在另一钻孔中设置一定数量的接收点,依次激发电源点,在两钻孔之间产生相应的稳定电流场(图 3-1),从而反映地层电特性。

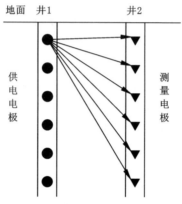

图 3-1 井间电阻测试示意图

电阻率成像技术所利用的场源是直流电源所产生的稳定电场,其基本理论基础是直流电场的基本方程,即介质中的欧姆定律和电流连续性方程。

$$\begin{cases} J = E/\rho \\ \nabla \cdot j = 0 \end{cases} \tag{3-1}$$

式中:$j$——电流密度矢量;

$\rho$——电阻率;

$E$——电场强度。

$E$ 满足:

$$\nabla \times E = 0 \tag{3-2}$$

由式(3-1)可以引入

$$E = -\nabla \varphi \tag{3-3}$$

从而可以得到电位的解

$$\nabla \cdot (\sigma \cdot \nabla \varphi) = 0 \tag{3-4}$$

即

$$\nabla \sigma \cdot \nabla \varphi + \sigma \cdot \nabla^2 \varphi = 0 \tag{3-5}$$

上面的方程将电位 $\varphi$ 和未知的电阻率 $\rho$ 联系起来,电阻率成像就是要由探测区域边界条件来确定内部电阻率 $\rho$ 的分布,即寻找式(3-4)或式(3-5)在一定边界条件下的解。

现场的井间测试得到的是一组庞大的数据,最终需要将这些数据进行图像重建,电阻率成像利用探测区域内各个不同方向观测的电阻率物理量来重构探测区内电阻率的实际分布。在电阻率成像过程中,边界上的电位值是对电场分布范围内物性分布的整体反映量,而不是物性沿射线路径的线性积分。另外,电流总是沿电阻率最小的路径流动,所以电阻率成像在图像重建方面难度较大,往往需要借助于计算机程序。

#### 3.1.2.2 测试仪器

测试仪器采用澳大利亚 JET 研发中心研制的多通道、全波形、全方位电阻率成像系统和国际领先的电阻率反演软件。该系统可用于地表、井-地、井-井勘探,能够实现全方位点法勘探,具有 64 道数据同时采集功能,大大提高了采集的效率,并且数据采集量大,为实现更高的解释精度提供了科学依据。该仪器性能稳定、状态良好,确保了野外数据采集工作的质量。

井间电阻率仪器采用由澳大利亚 ZZ Resistivity Imaging 研发中心研制的 FlashRES 64-61 通道、超高密度直流电法勘探系统,其主要技术参数如下:

电极数为 64 个;电压通道数为 61;输入阻抗大于 107MΩ;测量精度小于 0.5%;对 50Hz 工频干扰压制大于 80dB;直流电压输出分为 3 档:30V,90V,250V;测量电流范围小于 3A;工作温度为 -20~50℃;工作湿度为 95%RH;质量为 4.5kg;体积为 350mm×300mm×150mm。

与它配套的设备有 2 根各长 800m 带有 32 个电极的多芯电缆、2 架手动电缆绞车、1 个 12V 电瓶、1 台笔记本电脑。

野外数据采集系统见图 3-2、图 3-3。

图 3-2 井间高密度电阻率测试野外数据采集系统与配套设备

图 3-3 井间高密度电阻率测试数据采集系统井口装置

#### 3.1.2.3 探测过程

在进行井间透视工作时,分别将两根带有 16 个电极(电极距为 8m)的电缆放入 2 个待测的钻孔中(未下套管部分),来检测 2 个钻孔之间区域内地层电阻率的分布情况。分别在 2 个井中固定 2 串电缆的位置后,再做一次数据测量。一次测量可覆盖 120m 的范围。如果井中需要测量的范围较大,就必须在测完一次数据后移动电缆的位置再进行测量,这样就可以覆盖整个待测区域。

以 W2 和 W3 两孔的测试结果为例,被探测区域内 W2 和 W3 两孔相距 60m,其间有 4 个注浆孔。检测深度从 −100.0m 标高算起,钻孔 W2 孔深 388m,检测深度为 253.2m;钻孔 W3 孔深 402m,检测深度最大为 381.2m。井间电阻率探测共进行 2 次,第一次安排在 W2 和 W3 注浆钻孔施工完毕后,但在其间的注浆孔施工前;第二次安排在其间所有注浆孔分段注浆施工完成后,具有较强的对比意义。

#### 3.1.2.4 探测结果分析

测试完毕后,首先对数据进行检查,并通过特殊的滤波处理去除了一些离散性较大的数据,最后通过软件对剩余的数据进行反演处理,得到如图 3-4、图 3-5 所示的直观反映井间电阻率的反演图片。一般来说,高电阻率的地层显示岩性较完整且含水、透水性能较差,色谱表达为逐渐变红;低电阻率的地层显示岩性不完整,富含水或透水性能较好,色谱表达为逐渐变蓝;中间过渡色为岩性完整性较好。

图 3-4 为 W2 和 W3 注浆孔施工完毕且两孔间未进行其他孔注浆施工时的电阻率成果反演图片。根据图像的电阻率等值线分布可以明显看出,W2 和 W3 附近分布高电阻率区,反映水泥浆液具有较好的扩散性,并在该范围内排出岩层内的地下水,水泥浆同岩层形成较密实

的帷幕墙体,起到较好的排水、堵水效果;在 W2 和 W3 之间水泥浆液的扩散范围外,分布有较广泛的低电阻率区,反映了孔间的石灰岩岩层裂隙较大,连通性好。同时,可能局部存在水蚀蜂窝及溶洞等岩溶结构,并且在其中充水较多,形成较明显的低电阻通道。

图 3-5 为 W2 和 W3 之间 4 个后续注浆孔施工完毕后的探测结果。同图 3-4 对比后可以明显看出:后续注浆孔注浆前,W2 和 W3 之间的低电阻率区约占 80%以上(图 3-4 中的蓝色部分),注浆后低电阻率区的电阻率值明显升高(图 3-5 中的黄色部分),反映了注浆过程中岩层岩溶孔隙-溶隙结构被水泥浆液充填,岩层含水率降低,进而使得地层电阻率相对升高的过程,说明了注浆施工完成后能够在岩层中形成连续的水泥帷幕墙体。

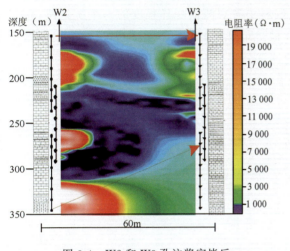

图 3-4 W2 和 W3 孔注浆完毕后
井间电阻率测试成果反演图

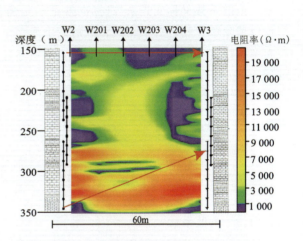

图 3-5 W2 和 W3 孔之间 4 孔注浆后
井间电阻率测试成果反演图

在第一注浆段 150~280m 的检测后发现,水泥帷幕墙体中仍有较大面积的低电阻率区(图 3-4 中的蓝色部分),判断为注浆不充分、地层裂隙发育弱或导通性较差、排挤地下水不够完全造成的,从而形成局部的残留水区。通过调整注浆压力、注浆量、注浆流速和注浆终结时间,第二阶段 280~350m 的检测显示出 W2 和 W3 之间的高电阻率区占了 90%以上,证明裂隙及岩溶结构中水泥浆液充填较密实,帷幕墙体具有较好的堵水效果。

## 3.2 堵水效果评价方法

### 3.2.1 帷幕体施工质量评价

在矿山帷幕注浆中,由于大水矿山的基岩岩溶裂隙均较为发育,裂隙之间的导通良好,为浆液的扩散提供了便利条件。注浆孔一般是按序施工的(图 3-6),当第一顺序注浆孔施工后,必将在良好导通的裂隙中产生较大的扩散半径,而浆液结石的密实性和强度会因距离注浆孔中心的远近而存在差异,基本上离得越远,密实性和强度越小。这样随着第二顺序孔的施工,必将对效果较差的位置进行补充强度,第三顺序孔也会进一步对效果较差的位置产生影响,最终达到堵水目的。

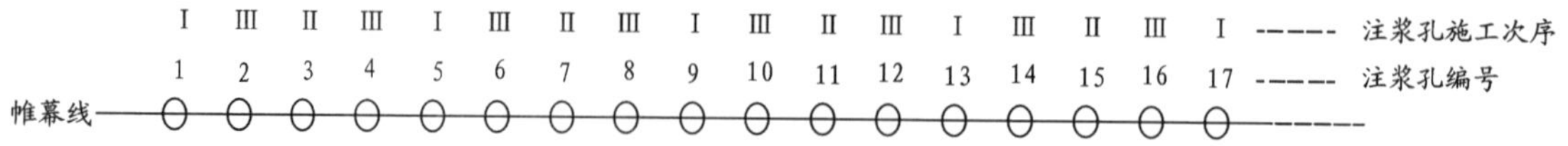

```
           Ⅰ  Ⅲ  Ⅱ  Ⅲ  Ⅰ  Ⅲ  Ⅱ  Ⅲ  Ⅰ  Ⅲ  Ⅱ  Ⅲ  Ⅰ  Ⅲ  Ⅱ  Ⅲ  Ⅰ ------ 注浆孔施工次序
           1   2   3   4   5   6   7   8   9  10  11  12  13  14  15  16  17 ------ 注浆孔编号
帷幕线 ——○——○——○——○——○——○——○——○——○——○——○——○——○——○——○——○——○——
```

图 3-6 帷幕注浆钻孔施工次序示意图

因此，通过对每一个注浆孔、每一个注浆段的资料分析，查找与上述理论状态不一致现象的规律。查找的具体方法如下。

#### 3.2.1.1 离散系数分析法

离散系数又称变异系数(标准差率)，是衡量资料中各观测值变异程度的一个统计量，它可以消除单位和(或)平均数不同对两个或多个资料变异程度比较的影响，同时反映一组数据在单位均值上的离散程度或均一性。离散系数的计算公式如下：

$$\delta = \sigma/\mu \tag{3-6}$$

$$\mu = \frac{\sum_{i=1}^{n} \mu_i}{n} \tag{3-7}$$

$$\sigma = \sqrt{\frac{\sum_{i=1}^{n} \mu_i^2 - n\mu^2}{n-1}} \tag{3-8}$$

式中：$\delta$——离散系数；

$\mu$——单位注灰量平均值；

$\sigma$——标准差。

矿山帷幕注浆是将可凝结的浆液通过外界压力分序注入基岩的岩溶裂隙中，浆液胶结后封堵裂隙，使原本因岩溶裂隙的存在被分割的基岩逐渐形成统一体(帷幕体)，从而达到隔水、堵水的作用。在大水型矿山，基岩含水层的透水性是不均一的，帷幕注浆的第一顺序孔是对原始状态下的岩体岩溶裂隙进行注浆，注浆量会受到岩溶裂隙发育不均一的影响而出现很大的变异，离散系数最大；第二顺序孔受第一顺序孔注浆的影响，岩溶裂隙被部分封堵，岩体岩溶裂隙均一性已有改善，注浆量虽会有一定的变异，但离散系数会比第一顺序孔小；第三顺序孔受到之前注浆的影响，岩溶裂隙已基本被全部封堵，已经形成较好的统一体和均一体，其离散系数会更小。因此，离散系数越小，表明形成的帷幕体均一性越好，基岩的岩溶裂隙封堵越密实。

在矿山帷幕注浆施工中，可以通过各序孔的全孔平均单位注灰量和单位透水率的离散系数变化来评价注浆施工质量。一般情况下，离散系数随孔序的先后次序逐渐变小，表现了待注体由开始因岩溶裂隙存在的不均一性逐渐成为岩溶裂隙被封堵的均一性转变过程，证明了帷幕注浆施工产生了明显效果，达到了设计质量要求。

#### 3.2.1.2 单位注灰量变化曲线分析法

在矿山帷幕注浆过程中，在达到设计压力的情况下，注浆孔周边会形成一个有效影响半径,在孔距合理的情况下,各个有效影响半径会相互搭接,产生叠加效应。在均质岩体中,理论上应如图3-7所示:单位注灰量应表现为第一顺序孔(Ⅰ序孔)单位注灰量最大,第二顺序孔(Ⅱ序孔)次之,第三顺序孔(Ⅲ序孔)最小。

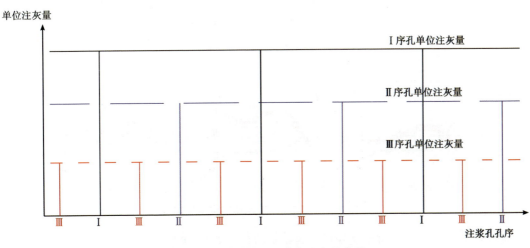

图 3-7 均质岩体理论单位注灰量曲线

在非均质的岩溶裂隙地层中注浆,注浆效果好的单位注灰量变化曲线理想表现形式应是:第一顺序孔最大,第二顺序孔次之,第三顺序孔最小,但它是不规则的曲线,如图3-8所示。如果曲线出现交叉而非上述表现,注浆效果应引起注意,要加强分析研究,寻找原因,必要时布置检查孔。

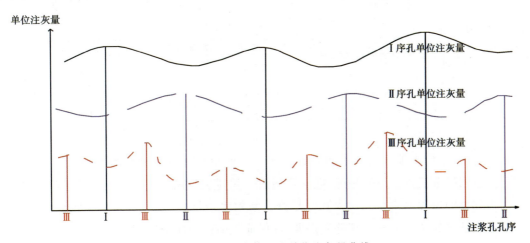

图 3-8 非均质岩体理论单位注灰量曲线

根据上述原理,在矿山帷幕注浆中如果将所有注浆孔的平均单位注灰量按Ⅰ、Ⅱ、Ⅲ分次序连接起来后,可以总结出6种组合形式,见图3-9中的(1)—(6)。

在这6种曲线类型中,如果在某一较长区段内,3个序孔的单位注灰量曲线出现互相交叉的情况,Ⅰ、Ⅱ、Ⅲ序孔单位注灰量和透水率均较小且变化不大,3个序孔的离散系数变幅不大,分析认为该区段地层岩溶裂隙不发育,连通性不好。通过注浆该区段的透水率更为降低,评价认为已达到堵水的目的,我们将具有这种特点的曲线归为第 7 种类型,见图 3-9 中的(7)。

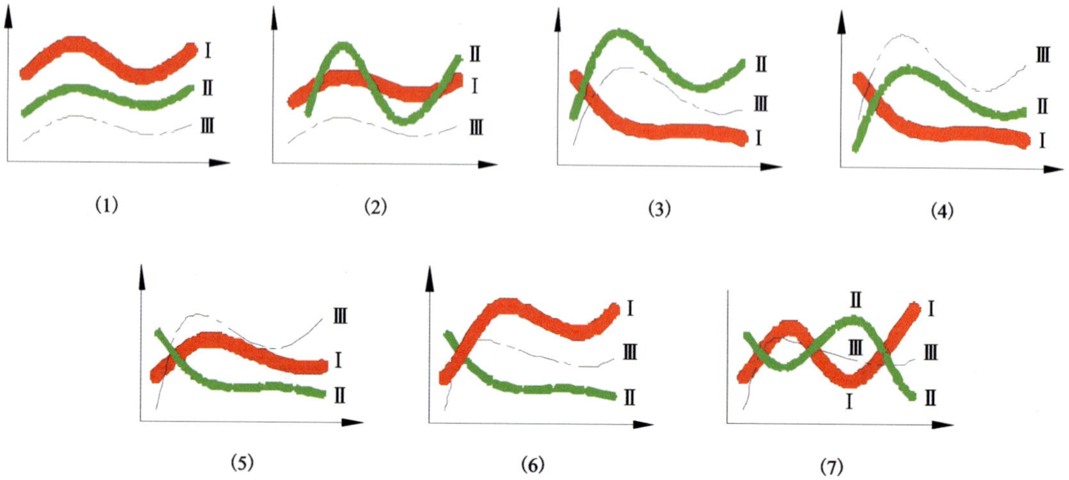

图 3-9　单位注灰量变化曲线类型图

通过对大水型矿山基岩水文地质条件的研究结合矿山帷幕注浆经验,将这 7 种曲线类型所能表现的注浆效果归纳总结如表 3-1 所示。

表 3-1　曲线类型相应质量评价结论

| 类型 | 各序孔单位注灰量对比 | 解释 | 类型 | 各序孔单位注灰量对比 | 解释 |
| --- | --- | --- | --- | --- | --- |
| (1) | Ⅰ>Ⅱ>Ⅲ | 岩溶裂隙连通性好,注浆效果优秀 | (5) | Ⅲ>Ⅰ>Ⅱ | 岩溶裂隙连通性差,注浆效果差,需检查 |
| (2) | Ⅱ>Ⅰ>Ⅲ | 岩溶裂隙连通性好,注浆效果良好 | (6) | Ⅰ>Ⅲ>Ⅱ | 岩溶裂隙连通性差,注浆效果差,需检查 |
| (3) | Ⅱ>Ⅲ>Ⅰ | 岩溶裂隙连通性一般,注浆效果一般,能达到要求 | | | |
| (4) | Ⅲ>Ⅱ>Ⅰ | 岩溶裂隙连通性一般,注浆效果一般,需检查 | (7) | 交互型 | 岩溶裂隙连通性差、透水性弱,注浆后堵水效果好 |

也就是说,在矿山帷幕注浆中如果各序注浆孔的单位注灰量曲线类型以(1)、(2)、(3)、(7)为主,说明帷幕注浆整体效果好,能够达到设计要求。同时对(1)、(2)、(3)、(7)类型曲线存在异常现象的位置应该布置检查孔去检查注浆效果,对(4)、(5)、(6)这 3 种类型曲线必须布置检查孔甚至加密孔去验证和补充强度,以保证矿山帷幕注浆的施工质量。

### 3.2.2　帷幕堵水效果评价

矿山帷幕注浆的堵水效果一般都等待幕体形成后利用矿坑放水进行验证。该方法数据的真实性、可靠性强,但是矿山的基建期受影响因素较多,且矿坑放水也存在较长的排水期。因此,研究新的技术方法及时评价预测幕体堵水效果,对帷幕注浆工程施工尤为重要。

矿山帷幕形成后,将改变矿区地下水流场,在帷幕内形成相对独立的水文地质单元。在同一时间,帷幕内外的地下水位变化产生明显差异,但不管是帷幕内还是帷幕外均会存在有联系的地下水补、径、排条件,因此可以利用这些条件试算帷幕体的堵水效果。

#### 3.2.2.1 水均衡法原理

水均衡法也称水量平衡法或水量均衡法,是全面研究某一地区(或均衡区)在一定时间段地下水的补给量、储存量和消耗量之间的数量转化关系的平衡计算。

对一个均衡区(或地段)的含水层组(或单元含水层组)来说,在补给和消耗的不均衡过程中,在任一时段 $\Delta t$ 内的补给量和消耗量之差恒等于这个含水层组中水体积(或质量)的变化量,因而建立水均衡方程式:

$$Q_{\text{补}} - Q_{\text{消}} = \pm \mu F \Delta h \Delta t \text{(潜水)} \tag{3-9}$$

$$Q_{\text{补}} - Q_{\text{消}} = \mu^* F \Delta h \Delta t \text{(承压水)} \tag{3-10}$$

式中:$Q_{\text{补}}$——$Q_{\text{流入}} + Q_{\text{越入}} + Q_{\text{河渗}} + Q_{\text{雨渗}} + Q_{\text{人补}} + \cdots$;

$Q_{\text{消}}$——$Q_{\text{流出}} + Q_{\text{越出}} + Q_{\text{溢出}} + Q_{\text{蒸发}} + Q_{\text{实开}} + \cdots$;

$\mu$——含水岩石的给水度;

$\mu^*$——贮水(或弹性释水)系数;

$F$——单元含水层面积;

$\Delta h$ 为在 $\Delta t$ 时间段内开采影响范围内的平均水位降。

而在矿山帷幕注浆中,由于帷幕形成后,在开拓及开采过程中,单位时间内流入或流出矿井(坑),包括井筒、巷道和开采系统的水量,一般都是通过周边含水体向矿坑内补充,在每一时间点上,补给量和排出量应该是相同的,也就是补给和输出是均衡的。

因此,根据均衡原理,通过研究某一时期(均衡期)帷幕体内外地下水各均衡要素(补给量、消耗量和储存量)之间的关系,建立地下水均衡方程,计算出帷幕体在特定条件下的渗透特性,为评价帷幕体的堵水效果提供依据。

#### 3.2.2.2 应用实例

中关铁矿注浆帷幕形成后,阻断了与区域地下水主要的水力联系,在帷幕内外产生水头差,也是洪水期幕外水向幕内渗透的动力。根据地下水补给排泄的均衡原理,以2010年11月11日水位观测资料为基础,运用均衡法试算注浆帷幕的平均渗透系数。

**1. 计算公式**

根据达西定律确认本次计算公式,具体过程如下:

$$Q_{\text{进}} = Q_{\text{排}} = Q_1 + Q_2 \tag{3-11}$$

$$Q = KiA \tag{3-12}$$

$$K \bar{i}_1 A_1 = K \bar{i}_2 A_2 + Q_1 \tag{3-13}$$

$$K = \frac{Q_1}{\bar{i}_1 A_1 - \bar{i}_2 A_2} \tag{3-14}$$

式中:$K$——帷幕体平均渗透系数,m/d;

$\bar{i}_1$——进水断面平均水力坡度;

$\bar{i}_2$——出水断面平均水力坡度；

$A_1$——进水断面面积，$m^2$；

$A_2$——出水断面面积，$m^2$；

$Q_1$——主副井排水量，$m^3/d$；

$Q_2$——出水断面排出水量，$m^3/d$；

$Q_{进}$——进入帷幕内的水量，$m^3/d$。

计算中主要涉及到以下几个方面参数：

(1)由于帷幕注浆孔间距是等距的，故设定帷幕体是均质的。

(2)计算中采用的数据为2010年11月11日的水位观测资料。

(3)主、副井2010年3月开始停产，其中主井排水量为$25m^3/h$，副井排水量为$20m^3/h$，日排水量稳定在$1\,080m^3/d$。

(4)幕内外观测孔间距为40m。

(5)计算的渗透系数是帷幕体的平均渗透系数。

**2. 参数计算**

1)进水断面

由2010年11月11日水位观测数据可知，正处于洪水期的帷幕体呈现幕外水向幕内渗透的趋势，因此可以将帷幕体看作全过水断面，其含水层的厚度以2010年11月11日水位为顶板，底板为注浆孔揭露灰岩的平均深度，过水断面剖面面积按条分法划分，如图3-10所示。

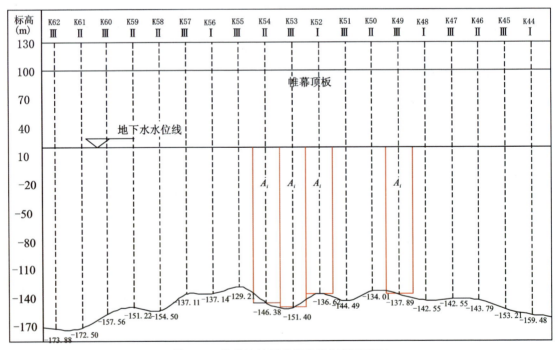

图3-10 条分法计算观测孔控制剖面面积

2)出水断面

2010年11月11日处于洪水期,帷幕外地下水向帷幕内渗透,因此无出水断面。

3)水力坡度

将地下水位观测数据代入式(3-15),求解帷幕内外水力坡度,计算结果详见表3-2。

$$i = \frac{\Delta h}{l} \quad (3\text{-}15)$$

式中:$l$ 取观测孔距离,40m。

表3-2 帷幕内外水力坡度计算结果表

| 观测孔编号 | 幕外孔水位(m) | 幕内孔水位(m) | 水位差 $\Delta h$(m) | 孔距(m) | 水力坡度 $i$ |
|---|---|---|---|---|---|
| cg0 | 16.29 | 15.53 | 0.76 | 40 | 0.019 0 |
| cg1 | 16.27 | 14.78 | 1.49 | | 0.037 3 |
| cg2 | 14.46 | 13.31 | 1.15 | | 0.028 8 |
| cg3 | 15.90 | 13.90 | 2.00 | | 0.050 0 |
| cg5 | 15.75 | 14.90 | 0.85 | | 0.021 3 |
| cg6 | 12.37 | 11.89 | 0.48 | | 0.012 0 |
| cg7 | 11.98 | 11.75 | 0.23 | | 0.005 8 |
| cg8 | 13.80 | 13.11 | 0.69 | | 0.017 3 |
| cg9 | 13.83 | 13.25 | 0.58 | | 0.014 5 |

为了准确计算过水断面平均水力坡度,采用面积加权平均的方法,根据不同观测孔控制长度与剖面条分宽度计算各对观测孔的控制面积。具体计算过程如下,计算结果见表3-3。

$$\bar{i} = \frac{\sum_{i=1}^{n} i_i A_i}{\sum_{i=1}^{n} A_i} \quad (3\text{-}16)$$

表3-3 进水断面观测孔水位数据(日期:2010-11-11)

| 孔号 | cg9 | cg8 | cg7 | cg6 | cg5 | cg3 | cg2 | cg1 | cg0 |
|---|---|---|---|---|---|---|---|---|---|
| 水力坡度 $i$ | 0.014 5 | 0.017 3 | 0.005 8 | 0.012 0 | 0.021 3 | 0.050 0 | 0.028 8 | 0.037 3 | 0.019 0 |
| 控制帷幕线长(m) | 340.00 | 276.00 | 288.00 | 324.00 | 444.00 | 444.00 | 359.00 | 526.00 | 396.00 |
| 控制面积(m²) | 184 668.70 | 144 195.70 | 124 893.80 | 76 963.11 | 89 363.57 | 86 217.92 | 61 515.71 | 137 260.40 | 213 149.20 |

续表 3-3

| 孔号 | cg9 | cg8 | cg7 | cg6 | cg5 | cg3 | cg2 | cg1 | cg0 |
|---|---|---|---|---|---|---|---|---|---|
| 进水总面积（m²） | 1 118 228.21 | | | | | | | | |
| 加权平均水力坡度 | 0.024 8 | | | | | | | | |

**3. 主、副井日排水量**

根据矿山排水记录表，主、副井日排水量为 1 080 m³/d，并且该排水量已稳定有 6 个月。

**4. 试算结果**

根据上述假设进行计算，将表中数据代入公式：

$$K = \frac{1\,080}{0.024\,8 \times 1\,118\,228.21} = 0.039 (\text{m/d}) \tag{3-17}$$

经试算，中关铁矿注浆帷幕的平均渗透系数 $K = 0.039$ m/d，小于设计要求的 0.08 m/d，表明帷幕体防渗性能指标满足设计要求，帷幕体堵水率应能够达到 80%。

## 3.3 小结

帷幕注浆工程检测技术研究在施工全过程质量检测、帷幕体连续性测试、帷幕体堵水效果评价方面取得重要成果，具体如下：

(1)由于帷幕注浆工程具有典型隐蔽工程特点，施工过程中必须注重过程质量控制，应该采用点、线、面全方位以及全过程质量控制方法。

(2)在帷幕体连续性测试方面可采用井间高密度电阻率成像法进行测试，其主要原理为测试地层注浆前后电阻率变化，进而确定帷幕体连续性。

(3)帷幕体施工质量评价主要以检查孔、施工资料分析等方法为主，其中施工资料分析首次提出可采用离散系数法和单位注灰量变化曲线法。

(4)鉴于矿山建设周期较长，无法在短时间内直观评价注浆帷幕堵水效果，为配合工程验收可采用解析计算方法简要评价帷幕体堵水效果，具体方法可采用水均衡法。

# 4 帷幕注浆工程钻探技术研究

帷幕注浆工程实施过程对钻探技术及工艺具有较高的要求,针对工程需求,帷幕注浆工程钻探技术研究主要是针对小口径受控定向分支钻孔技术、小口径钻探定向纠斜技术、大口径受控定向分支钻孔技术等关键技术的试验研究。以下对试验过程及取得的相关成果进行阐述。

## 4.1 小口径受控定向分支钻孔技术

### 4.1.1 试验目的

地面预注浆技术已经成为大水矿山治理井筒、硐室涌水的主要技术手段,国内普遍存在大水矿山溜破系统注浆堵水需求,而其中的溜井及破碎硐室部分往往埋深较大,注浆顶板较深。如果采用单一垂直孔注浆技术,非注浆段钻探和管材成本将占到整个工程造价的很大部分,对于控制工程成本非常不利。针对这种情况,可以采用定向分支孔施工技术,选取少数注浆孔作为注浆主孔,在完成全孔注浆施工后,从钻孔的某一深度进行分支施工,通过人工控制钻孔轨迹进入预定靶区后转为垂直孔进行注浆施工。该工艺可以节约大量非注浆段钻探工作量和护壁管材,有效降低工程造价。

上述"S"形定向或分支孔施工选用的钻探设备往往是 TSJ 系列水源钻机,它具备转盘动力强、泥浆泵排量大、钻杆强度高等特点,终孔口径一般在 110mm 以上,钻探成本较高。如果能利用 HXY-5 岩芯钻机完成该项施工,则施工单位可大幅降低钻探成本,建设单位可节约大量工程投资,因此,该项目具有很高的研究价值。

### 4.1.2 试验任务

试验设计采用 HXY-5 岩芯钻机,对受控定向分支注浆孔施工工艺进行全面试验研究,以掌握分支、定向、造斜等环节关键技术为目的,同时对造斜钻进效率及相应事故处理等方面进行分析总结。

试验任务主要包括以下几点:

(1)通过现场试验,对采用 HXY-5 岩芯钻机及现有配套钻探工器具施工受控定向分支注浆孔的可行性进行验证。

(2)在现有条件下,对分支孔上部大口径垂直段的钻探效率和防斜、控斜及纠斜措施进行试验。

(3) 分支孔造斜段的造斜效率、钻孔轨迹可控程度、钻探工器具配套合理性试验研究。

(4) 分支孔下部垂直段的钻探方式、效率及控斜措施试验研究。

(5) 受控定向分支注浆孔施工钻探事故统计、分析及处理措施。

### 4.1.3 试验方案设计

#### 4.1.3.1 钻孔轨迹

设计钻孔轨迹水平投影图与垂向示意图详见图 4-1、图 4-2,其中包含主孔和分支孔,主孔设计为垂直孔,孔深 230m,分布高程 20.83~250.83m;分支孔分为造斜段和垂直段,段长 230m,分布高程 −179.17~50.83m。设计定向分支孔造斜段长度不大于 180.0m,最大偏距不小于 8.0m,分支孔靶区有效半径 2.0m。

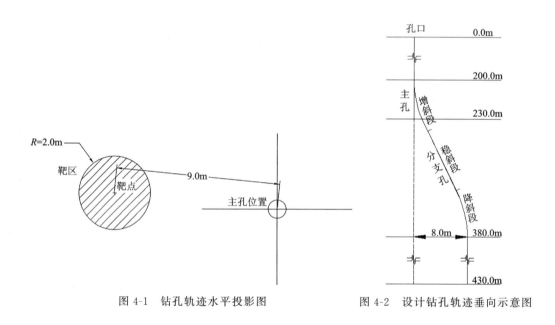

图 4-1 钻孔轨迹水平投影图　　图 4-2 设计钻孔轨迹垂向示意图

#### 4.1.3.2 钻孔结构

**1. 主孔结构**

开孔口径 $\phi$170mm,穿过第四系黏土层进入完整基岩下放 $\phi$168mm 护壁管;变换 $\phi$152mm 口径,钻进至注浆顶板(130.8m)下放 $\phi$146mm 护壁管;变换 $\phi$122mm 口径,钻进至穿过厚层蚀变灰岩地层后(200.0m)下放 $\phi$108mm 护壁管;变换 $\phi$95mm 口径钻进至主孔终孔,保证终孔口径不小于 $\phi$91mm。根据 k69 钻孔地层柱状图,预测主孔 $\phi$170mm 口径段长 10.0m,$\phi$152mm 口径段长 120.8m,$\phi$122mm 口径段长 69.2m,$\phi$91mm 口径段长 30.0m。详见表 4-1。

表 4-1　主孔结构及护壁管计划下放位置

| 钻孔口径(mm) | 深度位置(m) | 护壁管规格(mm) | 预计深度(m) |
|---|---|---|---|
| ϕ170 | 0.0~10.0 | ϕ168 | 0.0~10.0 |
| ϕ152 | 10.0~130.8 | ϕ146 | 10.0~130.8 |
| ϕ122 | 130.8~200.0 | ϕ108 | 130.8~200.0 |
| ϕ95 | 200.0~230.0 | | |

**2. 分支孔结构**

分支孔全部为裸孔,终孔口径不应小于ϕ91mm,分支段长230.0m,其中造斜段180.0m,垂直段50.0m。

#### 4.1.3.3　试验设备与器具

受控定向分支注浆孔试验机械设备详见表4-2。

表 4-2　试验主要机械设备选型

| 序号 | 设备名称 | 规格/型号 | 用途 | 预计用量 |
|---|---|---|---|---|
| 1 | 钻机 | HXY-5 | 钻探 | 1台套 |
| 2 | 钻塔 | 18.0m 四脚钻塔 | 提引钻具 | 1套 |
| 3 | 泥浆泵 | BW-250<br>TBW-850 | 钻探 | 各1台 |
| 4 | 测斜仪 | JDT-6 | 测斜、定向、导斜 | 1套 |
| 5 | 螺杆钻具 | 1.5°、2.5°<br>(ϕ75mm、ϕ95mm) | 导斜 | 各2根 |
| 6 | 绳索钻杆 | ϕ114mm | 钻探 | 250m |
| 7 | 绳索钻杆 | ϕ91mm | 钻探 | 500m |
| 8 | 绳索钻杆 | ϕ73mm | 钻探 | 500m |
| 9 | 配套钻杆 | ϕ50mm | 钻探及井故处理 | 450m |
| 10 | 金刚石钻头 | ϕ170mm | 钻探 | 2个 |
| 11 | 牙轮钻头 | ϕ152mm | 钻探 | 2个 |
| 12 | 金刚石钻头 | ϕ122mm | 钻探 | 2个 |
| 13 | 金刚石钻头 | ϕ95mm | 钻探 | 6个 |

### 4.1.4 场区地层

场区地层分布详见表 4-3。

表 4-3 试验场区地层分布情况

| 层位编号 | 埋藏深度(m) | 层位标高(m) | 层厚(m) | 地层岩性 |
| --- | --- | --- | --- | --- |
| 1 | 0.00~4.71 | 246.12~250.83 | 4.71 | 泥岩 |
| 2 | 4.71~138.00 | 112.83~246.12 | 133.29 | 石灰岩 |
| 3 | 138.00~169.01 | 81.82~112.83 | 31.01 | 蚀变灰岩 |
| 4 | 169.01~176.35 | 74.48~81.82 | 7.34 | 石灰岩 |
| 5 | 176.35~196.55 | 54.28~74.48 | 20.20 | 蚀变灰岩 |
| 6 | 196.55~240.35 | 10.48~54.28 | 43.80 | 石灰岩 |
| 7 | 240.35~245.15 | 5.68~10.48 | 4.80 | 蚀变灰岩 |
| 8 | 245.15~399.82 | −148.99~5.68 | 58.59 | 石灰岩 |
| 9 | 399.82~463.05 | −212.22~−148.99 | 63.23 | 闪长玢岩 |
| 10 | 463.05~500.05 | −249.22~−212.22 | 37.00 | 白云质灰岩 |
| 11 | 500.05~538.15 | −287.32~−249.22 | 38.10 | 石灰岩 |
| 12 | 538.15~604.17 | −353.34~−287.32 | 66.02 | 白云质灰岩 |
| 13 | 604.17~617.43 | −366.60~−353.34 | 13.26 | 石灰岩 |
| 14 | 617.43~628.52 | −377.69~−366.60 | 11.09 | 闪长玢岩 |

### 4.1.5 试验结果分析

试验孔的整个孔身结构在垂向上划分为上部垂直段、造斜段和下部垂直段。主孔在设计钻孔位置开孔后,由于钻机地盘沉降和立轴校正误差等原因导致钻孔上部垂直段偏斜率严重超出设计要求,经分析认为难以采取有效纠正措施后应废孔后重新挪孔进行试验,因此主孔上部垂直段分别包含挪孔前与挪孔后两段。

#### 4.1.5.1 主孔垂直段试验数据与分析

**1. 试验过程**

试验孔主孔垂直段包括主孔挪孔前与挪孔后两段的施工,两段的试验过程详见表 4-4、表 4-5。

## 4 帷幕注浆工程钻探技术研究

表 4-4 主孔(挪孔前)垂直段试验过程统计表

| 钻孔孔深(m) | 钻孔孔径(mm) | 套管规格(mm) | 开始时间 | 结束时间 |
|---|---|---|---|---|
| 0.00～9.25 | φ170 | φ168 | 2016年2月25日 | 2016年2月28日 |
| 9.25～78.32 | φ152 | φ146 | 2016年2月28日 | 2016年3月4日 |

表 4-5 主孔(挪孔后)垂直段试验过程统计表

| 钻孔孔深(m) | 钻孔孔径(mm) | 套管规格(mm) | 开始时间 | 结束时间 |
|---|---|---|---|---|
| 0.00～10.00 | φ170 | φ168 | 2016年3月5日 | 2016年3月6日 |
| 10.00～123.74 | φ152 | φ146 | 2016年3月6日 | 2016年3月14日 |
| 123.74～195.25 | φ122 | φ108 | 2016年3月14日 | 2016年3月26日 |

**2. 钻进工艺**

主孔垂直段钻进施工采用的钻具组合及钻进参数如下:

(1) φ170mm 口径段钻进采用 φ50mm 钻杆、φ168mm 钻具和 φ170mm 金刚石钻头回转钻进施工,钻机回转速度设定为Ⅱ档位,泥浆泵泵量为 300L/min。

(2) φ152mm 口径段钻进采用 φ89mm 厚壁钻杆、φ152mm 扶正器、φ121mm 钻铤(8.96m×2根,4.41m×2根,总质量约 2400kg)和 φ152mm 牙轮钻头回转钻进施工,钻机回转速度设定为Ⅱ档位,泥浆泵泵量为 300L/min。

(3) φ122mm 口径段钻进采用 φ114mm 绳索取芯钻杆、φ114mm 钻具和 φ122mm 金刚石钻头回转钻进施工,钻机回转速度设定为Ⅱ档位,泥浆泵泵量为 90L/min。

**3. 钻孔垂直度控制措施与效果分析**

主孔垂直段钻进采取的主要控斜措施如下:

(1) 钻进过程中配备扶正器、加重钻铤等设备。

(2) 钻进中采用轻压、慢转施工参数。

(3) 增加测斜频率,提前采取预防措施。

由于缺少大口径钻孔纠斜器具,在钻孔产生偏斜后无法采取有效纠斜措施,致使挪孔后主孔垂直段偏斜率超出设计要求的 0.5%,实际达到了 0.8%。

**4. 钻探效率统计**

试验孔主孔垂直段钻探效率统计详见表 4-6、表 4-7。

### 4.1.5.2 分支孔造斜段试验数据与分析

**1. 试验过程**

试验过程中为了节约时间,在完成主孔垂直段施工后直接进行下部分支孔造斜段钻进试验,先后共进行了三次分支造斜段的施工。由于前两次造斜试验没有达到设计要求,第三次将原分支孔灌浆固结后重新由主孔垂直段底部进行造斜,试验过程详见表 4-8。

表 4-6 主孔垂直段钻探效率统计表（挪孔前）

| 地层岩性 | 钻孔深度(m) | 钻探进尺(m) | 钻孔口径(mm) | 纯钻时间(h) | 辅助时间(h) | 怠工时间(h) | 其他时间(h) | 施工时间(h) | 纯钻效率(m/h) | 施工效率(m/h) | 备注 |
|---|---|---|---|---|---|---|---|---|---|---|---|
| 泥岩 | 4.00 | 4.00 | φ170 | 1.67 | 0.83 | 0.00 | 0.00 | 2.50 | 2.40 | 1.60 | 等套管 |
| 石灰岩 | 4.32 | 0.32 | φ170 | 0.67 | 0.16 | 14.17 | 0.00 | 15.00 | 0.48 | 0.02 | 等套管 |
| 石灰岩 | 4.32 | 0.00 | φ170 | 0.00 | 0.00 | 24.00 | 0.00 | 24.00 | 0.00 | 0.00 | 等套管 |
| 石灰岩 | 9.25 | 4.93 | φ170 | 8.40 | 5.60 | 5.00 | 5.00 | 24.00 | 0.59 | 0.21 | 修水泵,搅泥浆,加工钻具 |
| 石灰岩 | 22.40 | 13.15 | φ152 | 14.00 | 6.17 | 3.83 | 0.00 | 24.00 | 0.94 | 0.55 | 等水 |
| 石灰岩 | 38.93 | 16.53 | φ152 | 16.68 | 3.13 | 2.02 | 2.17 | 24.00 | 0.99 | 0.69 | 修水接头,等水 |
| 石灰岩 | 61.16 | 22.23 | φ152 | 18.80 | 3.87 | 1.33 | 0.00 | 24.00 | 1.18 | 0.93 | 等水 |
| 石灰岩 | 74.74 | 13.58 | φ152 | 13.45 | 1.83 | 7.67 | 1.05 | 24.00 | 1.01 | 0.57 | 测斜,等水 |
| 石灰岩 | 78.32 | 3.58 | φ152 | 4.00 | 0.83 | 2.17 | 17.00 | 24.00 | 0.90 | 0.15 | 修钻机,等水 |

注：1. 辅助时间为加钻杆、取芯、下管等正常钻探施工作用时；
2. 怠工时间为因各种外界因素导致无法施工的时间；
3. 无法明确分类的时间计入其他时间；
4. 施工时间不满24h的其他时间计入表中；
5. 上述说明适用于所有效率统计表格。

4 帷幕注浆工程钻探技术研究

表 4-7 主孔垂直段钻探效率统计表（挪孔后）

| 岩性 | 钻孔深度 (m) | 钻探进尺 (m) | 钻孔口径 (mm) | 纯钻时间 (h) | 辅助时间 (h) | 怠工时间 (h) | 井故时间 (h) | 其他时间 (h) | 施工时间 (h) | 纯钻效率 (m/h) | 施工效率 (m/h) | 备注 |
|---|---|---|---|---|---|---|---|---|---|---|---|---|
| 泥岩 | 4.00 | 4.00 | φ170 | 6.06 | 1.23 | 0.00 | 0.00 | 0.00 | 7.29 | 0.66 | 0.55 | |
| 石灰岩 | 4.95 | 0.95 | φ170 | 0.54 | 0.00 | 0.00 | 0.00 | 0.00 | 0.54 | 1.76 | 1.76 | |
| 石灰岩 | 10.00 | 5.05 | φ170 | 6.60 | 3.40 | 2.00 | 0.00 | 0.00 | 12.00 | 0.77 | 0.42 | 下φ168管 |
| 石灰岩 | 13.87 | 3.87 | φ152 | 7.67 | 4.33 | 0.00 | 0.00 | 0.00 | 12.00 | 0.50 | 0.32 | 等钻具管、配钻具管 |
| 石灰岩 | 28.02 | 14.15 | φ152 | 22.33 | 1.67 | 0.00 | 0.00 | 0.00 | 24.00 | 0.63 | 0.59 | |
| 石灰岩 | 44.39 | 16.37 | φ152 | 19.83 | 3.00 | 0.00 | 0.00 | 1.17 | 24.00 | 0.83 | 0.68 | 测斜、修水泵 |
| 石灰岩 | 64.53 | 20.14 | φ152 | 21.83 | 2.17 | 0.00 | 0.00 | 0.00 | 24.00 | 0.92 | 0.84 | |
| 石灰岩 | 82.88 | 18.35 | φ152 | 18.25 | 2.92 | 0.00 | 0.00 | 2.83 | 24.00 | 1.01 | 0.76 | 测斜、修水泵、换皮碗 |
| 石灰岩 | 91.20 | 8.32 | φ152 | 8.33 | 0.84 | 14.83 | 0.00 | 0.00 | 24.00 | 1.00 | 0.35 | 待水 |
| 石灰岩 | 105.50 | 14.30 | φ152 | 12.57 | 1.43 | 10.00 | 0.00 | 0.00 | 24.00 | 1.14 | 0.60 | 待水 |
| 石灰岩 | 105.50 | 0.00 | φ152 | 0.00 | 0.67 | 23.33 | 0.00 | 0.00 | 24.00 | 0.00 | 0.00 | 测斜、待水 |
| 石灰岩 | 123.74 | 18.24 | φ152 | 17.42 | 6.58 | 0.00 | 0.00 | 0.00 | 24.00 | 1.05 | 0.76 | 下管前准备 |
| 石灰岩 | 123.74 | 0.00 | φ152 | 0.00 | 5.00 | 0.00 | 0.00 | 19.00 | 24.00 | 0.00 | 0.00 | 下φ146管、清泥浆池 |
| 石灰岩 | 123.74 | 0.00 | φ152 | 0.00 | 0.00 | 0.00 | 0.00 | 24.00 | 24.00 | 0.00 | 0.00 | 固管、待凝 |
| 石灰岩 | 124.65 | 0.91 | φ122 | 1.33 | 5.00 | 16.00 | 0.00 | 1.67 | 24.00 | 0.68 | 0.04 | 收拾现场、拾钻杆钻机、修 |
| 石灰岩 | 124.65 | 0.00 | φ122 | 0.00 | 0.00 | 24.00 | 0.00 | 0.00 | 24.00 | 0.00 | 0.00 | 等螺杆 |
| 石灰岩 | 124.65 | 0.00 | φ122 | 0.00 | 0.00 | 24.00 | 0.00 | 0.00 | 24.00 | 0.00 | 0.00 | 等螺杆 |
| 石灰岩 | 131.45 | 6.80 | φ122 | 8.33 | 1.83 | 12.00 | 0.00 | 1.84 | 24.00 | 0.82 | 0.28 | 等螺杆、换水接头 |

续表 4-7

| 岩性 | 钻孔深度 (m) | 钻探进尺 (m) | 钻孔口径 (mm) | 纯钻时间 (h) | 辅助时间 (h) | 怠工时间 (h) | 井故时间 (h) | 其他时间 (h) | 施工时间 (h) | 纯钻效率 (m/h) | 施工效率 (m/h) | 备注 |
|---|---|---|---|---|---|---|---|---|---|---|---|---|
| 石灰岩 | 132.55 | 1.10 | φ122 | 1.50 | 0.83 | 0.00 | 0.00 | 9.67 | 12.00 | 0.73 | 0.09 | 修副卷扬 |
| 蚀变石灰岩 | 134.65 | 2.10 | φ122 | 4.37 | 1.00 | 0.00 | 5.30 | 1.33 | 12.00 | 0.48 | 0.18 | 修副卷扬、处理井故 |
| 蚀变石灰岩 | 142.65 | 8.00 | φ122 | 10.67 | 5.66 | 0.00 | 0.00 | 7.67 | 24.00 | 0.75 | 0.33 | 拆钻杆、拉膨润土、修水泵、换皮碗 |
| 蚀变石灰岩 | 155.15 | 12.50 | φ122 | 17.75 | 3.52 | 0.00 | 0.00 | 2.73 | 24.00 | 0.70 | 0.52 | 修水泵、换吊环 |
| 蚀变石灰岩 | 166.65 | 11.50 | φ122 | 9.67 | 2.33 | 0.00 | 0.00 | 3.00 | 15.00 | 1.19 | 0.77 | 修水泵、测斜、换水接头 |
| 蚀变石灰岩 | 168.15 | 1.50 | φ122 | 1.50 | 0.50 | 0.00 | 0.00 | 0.00 | 2.00 | 1.00 | 0.75 |  |
| 石灰岩 | 173.65 | 5.50 | φ122 | 5.25 | 1.00 | 0.00 | 0.00 | 0.75 | 7.00 | 1.05 | 0.79 | 修水接头 |
| 石灰岩 | 178.88 | 5.23 | φ122 | 4.08 | 0.67 | 0.00 | 0.00 | 1.16 | 5.91 | 1.28 | 0.88 | 修水泵 |
| 蚀变石灰岩 | 181.15 | 2.27 | φ122 | 2.28 | 0.34 | 0.00 | 0.00 | 0.00 | 2.62 | 1.00 | 0.87 |  |
| 石灰岩 | 183.85 | 2.70 | φ122 | 3.17 | 0.67 | 0.00 | 0.00 | 4.96 | 8.80 | 0.85 | 0.31 | 修副卷扬、拉土 |
| 石灰岩 | 185.25 | 1.40 | φ122 | 2.33 | 0.55 | 0.00 | 0.00 | 0.34 | 3.22 | 0.60 | 0.43 | 修水泵 |
| 石灰岩 | 187.65 | 2.40 | φ122 | 1.45 | 0.50 | 0.00 | 0.00 | 1.50 | 3.45 | 1.66 | 0.70 | 修水泵、换吊环 |
| 蚀变石灰岩 | 190.25 | 2.60 | φ122 | 2.42 | 0.50 | 0.00 | 0.00 | 1.16 | 4.08 | 1.07 | 0.64 | 搅泥浆 |
| 石灰岩 | 193.25 | 3.00 | φ122 | 2.17 | 0.33 | 0.00 | 0.00 | 4.42 | 6.92 | 1.38 | 0.43 | 修副卷扬 |
| 石灰岩 | 195.25 | 2.00 | φ122 | 3.00 | 0.50 | 0.00 | 0.00 | 9.50 | 13.00 | 0.67 | 0.15 | 换副卷扬、换打捞器、装土、搅泥浆、拆钻杆 |

**表 4-8　分支孔造斜段试验过程统计表**

| 试验阶段 | 钻孔孔深(m) | 钻孔孔径(mm) | 开始时间 | 结束时间 | 造斜试验结果 |
|---|---|---|---|---|---|
| 第一次分支造斜 | 195.25~259.77 | φ95/φ75 | 2016年3月28日 | 2016年4月7日 | 未达到设计要求 |
| 第二次分支造斜 | 198.33~236.70 | φ95/φ75 | 2016年4月7日 | 2016年4月14日 | 未达到设计要求 |
| 第三次分支造斜 | 197.64~304.52 | φ95/φ75 | 2016年4月14日 | 2016年5月5日 | 改变分支孔靶点后，达到设计要求 |

**2. 造斜工艺与效果分析**

1）第一次分支造斜

研究过程中首先采用 φ89mm 绳索取芯钻杆、φ89mm 钻具和 φ95mm 金刚石钻头将钻孔钻进至 196.22m，然后采用 φ89mm 绳索取芯钻杆、弯度 1.5°的 φ90mm 螺杆钻具配合 φ95mm 全破碎金刚石钻头进行造斜，过程中使用 TBW-850 泥浆泵，泵量为 200L/min，泵压 3.0MPa。定向深度 196.2m，方位 103°，钻进至 212.0m 深度后测斜发现，钻孔孔底方位、斜度基本未明显改变。在此基础上，变换 φ90mm 螺杆钻具弯度为 2.5°再次进行造斜试验，钻进至 222.6m 后测斜表明，孔底斜度减小 0.1°，方位变化 20°左右，仍未达到设计要求。

后改用 φ73mm 绳索取芯钻杆、弯度 2.5°的 φ73mm 螺杆钻具配合 φ75mm 全破碎金刚石钻头进行造斜，所使用的 TBW-850 泥浆泵泵量为 200L/min，泵压 3.0MPa。测斜结果显示，从 222.6~244.0m 钻孔斜度增加 7°左右，定向方位为 103°，实际钻孔方位为 50°左右，并未按设计轨迹运行，造斜后钻孔轨迹平面投影见图 4-3。

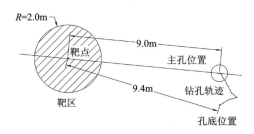

图 4-3　第一次分支造斜钻孔轨迹平面位置投影图

在此基础上继续采用 φ73mm 绳索取芯钻杆、弯度 2.5°的 φ73mm 螺杆钻具配合 φ75mm 全破碎金刚石钻头进行造斜。钻进至 259.77m 后仍未能改变现有孔底方位，鉴于钻孔斜度过大无法满足试验要求，决定灌浆固结至主孔垂直段底部重新进行造斜试验。

2）第二次分支造斜段

灌浆固结后，由 198.33m 开始进行钻进，首先采用 φ73mm 绳索取芯钻杆、弯度 1.5°的 φ73mm 螺杆钻具配合 φ75mm 全破碎金刚石钻头进行，泥浆泵泵量为 200L/min，泵压 3.0MPa。造斜钻进至 212.9m 后，孔底斜度增加 4°左右，但方位与给定值(103°)相差 30°左右，见图 4-4。

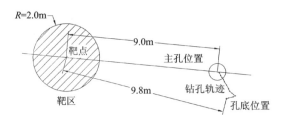

图 4-4 第二次分支造斜钻孔轨迹平面位置投影图

分析认为是螺杆启动时转子所需动力造成的反推力,使螺杆和钻杆整体产生一个反扭角造成的,与第一次试验对比,两次角度都在 30°左右。后续研究改为,首先采用 φ91mm 钻头扩孔至孔底,再使用弯度 1.5°的 φ75mm 螺杆弯头定向钻进 2～3m,定向时在设计方位值基础上加 30°,采用该手段进行定向造斜 2 次,最终钻孔深度达到 236.70m,孔底方位并未明显改变,试验未能取得理想效果。

3) 第三次分支造斜段

鉴于主孔垂直段偏斜方向与设计靶点方向相差较大,经协商决定改变靶点位置后重新进行定向试验(图 4-5)。

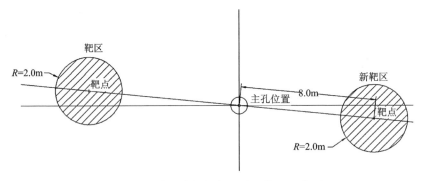

图 4-5 设计主孔与新靶区平面位置示意图

A. 增斜段(197.64～220.00m)。本次试验首先采用 φ73mm 绳索取芯钻杆、弯度 1.5°的 φ73mm 螺杆钻具配合 φ75mm 全破碎金刚石钻头,泥浆泵泵量为 250L/min,泵压 3.0MPa。钻孔由 197.64m 定向钻进至 202.00m 时与定向方位 267°基本一致,达到设计要求。后经再次定向造斜,钻进至 220.00m 时,孔底方位基本维持在 260°左右,斜度约为 4.6°,偏距 2.4m,增斜率约为 0.2°/m。测试结果详见图 4-6、表 4-9。

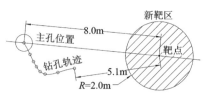

图 4-6 钻孔 236.00m 深度时轨迹平面位置投影图

表 4-9  钻孔 236.00m 深度时的测斜成果

| 深度(m) | 方位(°) | 斜度(°) | 偏距(m) | 垂深(m) | 闭合方位角(°) | 偏率(‰) |
|---|---|---|---|---|---|---|
| 9.959 | 296.2 | 0.27 | 0.023 | 9.959 | 296.2 | 2.3 |
| 19.586 | 321.7 | 0.31 | 0.072 | 19.586 | 304.8 | 3.7 |
| 29.545 | 298.0 | 0.30 | 0.125 | 29.544 | 307.0 | 4.2 |
| 39.835 | 319.0 | 0.43 | 0.190 | 39.835 | 307.5 | 4.8 |
| 49.462 | 321.5 | 0.36 | 0.255 | 49.462 | 310.8 | 5.2 |
| 60.085 | 317.3 | 0.24 | 0.311 | 60.084 | 312.3 | 5.2 |
| 69.712 | 336.1 | 0.40 | 0.363 | 69.711 | 314.4 | 5.2 |
| 79.671 | 323.7 | 0.32 | 0.423 | 79.670 | 316.7 | 5.3 |
| 89.630 | 328.7 | 0.48 | 0.492 | 89.628 | 318.0 | 5.5 |
| 99.920 | 327.8 | 0.47 | 0.576 | 99.919 | 319.5 | 5.8 |
| 109.547 | 348.4 | 0.45 | 0.650 | 109.545 | 321.7 | 5.9 |
| 119.506 | 333.3 | 0.64 | 0.741 | 119.504 | 324.1 | 6.2 |
| 129.797 | 327.6 | 0.72 | 0.862 | 129.794 | 325.0 | 6.6 |
| 139.756 | 330.9 | 0.80 | 0.993 | 139.752 | 325.6 | 7.1 |
| 150.047 | 315.9 | 0.67 | 1.125 | 150.042 | 325.3 | 7.5 |
| 159.674 | 318.4 | 0.67 | 1.237 | 159.668 | 324.6 | 7.7 |
| 169.632 | 320.6 | 0.70 | 1.355 | 169.625 | 324.1 | 8.0 |
| 179.591 | 310.4 | 0.58 | 1.466 | 179.584 | 323.5 | 8.2 |
| 189.882 | 337.3 | 0.68 | 1.579 | 189.874 | 323.5 | 8.3 |
| 195.193 | 340.1 | 0.47 | 1.630 | 195.186 | 324.0 | 8.4 |
| 199.841 | 318.5 | 0.48 | 1.668 | 199.833 | 324.1 | 8.3 |
| 204.820 | 259.5 | 2.09 | 1.759 | 204.811 | 322.0 | 8.6 |
| 209.800 | 258.6 | 3.99 | 1.894 | 209.783 | 314.9 | 9.0 |
| 214.779 | 259.0 | 4.52 | 2.122 | 214.749 | 306.6 | 9.9 |
| 219.759 | 258.5 | 4.63 | 2.408 | 219.713 | 299.6 | 11.0 |
| 225.070 | 261.0 | 4.65 | 2.750 | 225.007 | 293.8 | 12.2 |
| 227.726 | 263.2 | 4.51 | 2.933 | 227.654 | 291.7 | 12.9 |
| 230.049 | 262.4 | 4.54 | 3.095 | 229.970 | 290.0 | 13.5 |

B. 稳斜段(220.00～267.75m)。鉴于试验孔方位和斜度已满足定向要求，下部进入稳斜段施工，采用 $\phi$73mm 绳索取芯钻杆、$\phi$73mm 钻具和 $\phi$75mm 金刚石取芯钻头回转钻进，为避免断钻钻机回转速度采用Ⅰ档位，泥浆泵泵量设定为 200L/min，稳斜段钻进至 267.75m，孔底方位基本维持在 266°左右，斜度 4.6°，偏距达到约 5.2m，距离靶点 2.8m。测试结果详见图 4-7、表 4-10。

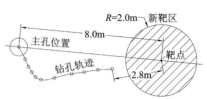

图 4-7 钻孔 267.75m 深度时轨迹平面位置投影图

表 4-10 钻孔 267.75m 深度时的测斜成果

| 深度(m) | 方位(°) | 斜度(°) | 偏距(m) | 垂深(m) | 闭合方位角(°) | 偏率(‰) |
| --- | --- | --- | --- | --- | --- | --- |
| 9.959 | 263.9 | 0.39 | 0.034 | 9.959 | 263.9 | 3.4 |
| 20.250 | 349.4 | 0.12 | 0.074 | 20.250 | 288.6 | 3.7 |
| 29.545 | 316.2 | 0.29 | 0.101 | 29.544 | 301.9 | 3.4 |
| 39.503 | 321.8 | 0.47 | 0.165 | 39.503 | 308.7 | 4.2 |
| 49.794 | 321.5 | 0.36 | 0.238 | 49.794 | 312.7 | 4.8 |
| 59.753 | 347.2 | 0.33 | 0.295 | 59.752 | 317.0 | 4.9 |
| 69.712 | 304.6 | 0.40 | 0.358 | 69.711 | 318.6 | 5.1 |
| 80.003 | 322.8 | 0.64 | 0.451 | 80.001 | 317.6 | 5.6 |
| 89.630 | 345.7 | 0.40 | 0.535 | 89.628 | 320.2 | 6.0 |
| 99.920 | 333.4 | 0.53 | 0.615 | 99.918 | 322.8 | 6.2 |
| 109.547 | 325.3 | 0.53 | 0.703 | 109.545 | 323.6 | 6.4 |
| 119.838 | 335.3 | 0.65 | 0.808 | 119.835 | 324.5 | 6.7 |
| 130.129 | 333.2 | 0.59 | 0.919 | 130.125 | 325.7 | 7.1 |
| 139.756 | 341.1 | 0.85 | 1.037 | 139.751 | 327.0 | 7.4 |
| 150.047 | 318.7 | 0.61 | 1.168 | 150.041 | 327.3 | 7.8 |
| 160.006 | 321.1 | 0.56 | 1.269 | 160.000 | 326.7 | 7.9 |
| 169.632 | 306.8 | 0.75 | 1.377 | 169.626 | 325.7 | 8.1 |
| 179.591 | 296.7 | 0.45 | 1.473 | 179.584 | 324.1 | 8.2 |
| 189.550 | 319.0 | 0.40 | 1.544 | 189.543 | 323.3 | 8.1 |
| 194.861 | 337.2 | 0.45 | 1.583 | 194.854 | 323.4 | 8.1 |
| 200.173 | 291.5 | 0.67 | 1.634 | 200.165 | 323.1 | 8.2 |
| 204.820 | 265.8 | 2.02 | 1.714 | 204.811 | 320.6 | 8.4 |
| 209.800 | 255.9 | 4.12 | 1.862 | 209.784 | 313.5 | 8.9 |
| 214.779 | 256.0 | 4.50 | 2.087 | 214.749 | 304.8 | 9.7 |
| 220.091 | 257.9 | 4.40 | 2.384 | 220.044 | 297.4 | 10.8 |
| 225.070 | 261.7 | 4.42 | 2.697 | 225.009 | 292.5 | 12.0 |
| 229.717 | 256.4 | 4.45 | 3.003 | 229.642 | 288.7 | 13.1 |

续表 4-10

| 深度(m) | 方位(°) | 斜度(°) | 偏距(m) | 垂深(m) | 闭合方位角(°) | 偏率(‰) |
|---|---|---|---|---|---|---|
| 239.676 | 264.2 | 4.52 | 3.707 | 239.571 | 282.9 | 15.5 |
| 244.988 | 265.8 | 4.51 | 4.107 | 244.866 | 281.1 | 16.8 |
| 249.967 | 264.2 | 4.48 | 4.483 | 249.830 | 279.8 | 17.9 |
| 254.615 | 264.0 | 4.53 | 4.835 | 254.463 | 278.6 | 19.0 |
| 259.826 | 265.9 | 4.59 | 5.247 | 259.758 | 277.5 | 20.2 |
| 259.925 | 266.1 | 4.59 | 5.247 | 259.758 | 277.5 | 20.2 |

根据测试结果，目前钻孔轨迹朝向靶心方向，按此斜度和方位继续钻进约 10m 后进入靶区，30m 后可中靶心，为保证中靶后分支孔垂直段能顺利施工，决定先扩孔至 $\phi$95mm 口径，再开始降斜试验。

C. 降斜段(267.75～304.52m)。降斜段仍采用 $\phi$73mm 绳索取芯钻杆、弯度 1.5°的 $\phi$73mm 螺杆钻具配合 $\phi$75mm 全破碎金刚石钻头进行，泥浆泵泵量为 200L/min，泵压 3.0MPa 左右。第一次降斜施工至 278.61m，经测试无效果，钻孔方位和斜度均有增加趋势，详见表 4-11。

表 4-11　钻孔 278.61m 深度时的测斜成果

| 深度(m) | 方位(°) | 斜度(°) | 偏距(m) | 垂深(m) | 闭合方位角(°) | 偏率(‰) |
|---|---|---|---|---|---|---|
| 249.635 | 264.0 | 4.46 | 4.517 | 249.498 | 281.1 | 18.1 |
| 259.926 | 267.5 | 4.34 | 5.282 | 259.759 | 278.9 | 20.3 |
| 264.905 | 265.8 | 4.67 | 5.665 | 264.723 | 278.0 | 21.4 |
| 269.885 | 267.6 | 4.63 | 6.061 | 269.686 | 277.3 | 22.5 |
| 271.877 | 267.8 | 5.01 | 6.227 | 271.670 | 277.0 | 22.9 |
| 273.868 | 271.8 | 5.25 | 6.403 | 273.654 | 276.8 | 23.4 |
| 275.860 | 270.8 | 5.41 | 6.588 | 275.637 | 276.7 | 23.9 |
| 277.188 | 272.8 | 5.38 | 6.711 | 276.959 | 276.6 | 24.2 |

再次扩孔降斜至 287.79m，孔底斜度明显下降，由 5.32°降为 3.69°，孔底距离靶心 0.8m，测试结果详见表 4-12、图 4-8。

表 4-12　钻孔 287.79m 深度时的测斜成果

| 深度(m) | 方位(°) | 斜度(°) | 偏距(m) | 垂深(m) | 闭合方位角(°) | 偏率(‰) |
|---|---|---|---|---|---|---|
| 264.573 | 265.5 | 4.61 | 5.456 | 264.398 | 278.4 | 20.6 |
| 270.271 | 267.1 | 4.87 | 5.913 | 270.022 | 277.5 | 21.9 |
| 274.864 | 269.3 | 5.32 | 6.320 | 274.651 | 276.9 | 23.0 |
| 279.512 | 267.9 | 4.72 | 6.723 | 279.281 | 276.4 | 24.1 |
| 282.167 | 265.1 | 3.75 | 6.916 | 281.930 | 276.1 | 24.5 |
| 284.159 | 263.2 | 3.68 | 7.043 | 283.917 | 275.9 | 24.8 |
| 286.151 | 262.6 | 3.69 | 7.168 | 285.905 | 275.6 | 25.1 |

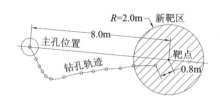

图 4-8　钻孔 287.79m 深度时轨迹平面位置投影图

第三次采用螺杆降斜至 304.52m,钻孔斜度由 3.7°降至 1.7°,方位比设计方位减小 56°,孔底距离靶点 0.43m。测斜至 307.4m 时钻孔情况详见表 4-13、图 4-9。

表 4-13　钻孔 304.52m 深度时的测斜成果

| 深度(m) | 方位(°) | 斜度(°) | 偏距(m) | 垂深(m) | 闭合方位角(°) | 偏率(‰) |
|---|---|---|---|---|---|---|
| 279.512 | 270.7 | 5.20 | 6.828 | 279.279 | 277.4 | 24.4 |
| 289.802 | 256.4 | 3.30 | 7.571 | 289.542 | 276.0 | 26.1 |
| 294.782 | 244.1 | 2.02 | 7.780 | 294.516 | 275.2 | 26.4 |
| 295.778 | 235.9 | 2.04 | 7.809 | 295.511 | 275.1 | 26.4 |
| 296.774 | 230.2 | 1.96 | 7.835 | 296.506 | 274.9 | 26.4 |
| 297.770 | 222.9 | 1.81 | 7.857 | 297.501 | 274.9 | 26.4 |
| 298.765 | 219.7 | 1.70 | 7.875 | 298.497 | 274.6 | 26.4 |
| 299.761 | 217.1 | 1.68 | 7.891 | 299.492 | 274.4 | 26.3 |
| 300.757 | 216.5 | 1.65 | 7.906 | 300.488 | 274.2 | 26.3 |
| 301.753 | 210.5 | 1.70 | 7.921 | 301.483 | 274.0 | 26.3 |
| 302.749 | 208.1 | 1.61 | 7.934 | 302.479 | 273.8 | 26.2 |
| 303.745 | 203.7 | 1.58 | 7.944 | 303.474 | 273.7 | 26.2 |
| 304.741 | 199.1 | 1.62 | 7.952 | 304.470 | 273.5 | 26.1 |
| 306.069 | 193.7 | 1.71 | 7.961 | 305.797 | 273.2 | 26.0 |
| 307.396 | 191.4 | 1.62 | 7.967 | 307.124 | 272.9 | 25.9 |

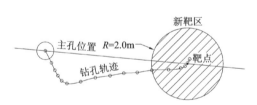

图 4-9　钻孔 304.52m 深度时轨迹平面位置投影图

**3. 钻探效率统计**

因为前两次分支造斜试验均未取得理想效果,故造斜段钻探效率仅对第三次试验过程进行统计,详见表 4-14。

表 4-14 分支孔造斜段钻探效率统计表（第三次分支造斜段）

| 岩性 | 钻孔深度 (m) | 钻探进尺 (m) | 钻孔口径 (mm) | 纯钻时间 (h) | 辅助时间 (h) | 息工时间 (h) | 井放时间 (h) | 其他时间 (h) | 施工时间 (h) | 纯钻效率 (m/h) | 施工效率 (m/h) | 备注 |
|---|---|---|---|---|---|---|---|---|---|---|---|---|
| 石灰岩 | 198.64 | 1.00 | φ95 | 0.83 | 0.50 | 0.00 | 0.00 | 22.67 | 24.00 | 1.20 | 0.04 | 待凝、扫孔、等待定位 |
| 石灰岩 | 206.85 | 8.21 | φ95 | 15.83 | 0.00 | 0.00 | 0.00 | 8.17 | 24.00 | 0.52 | 0.34 | 定位、修配电柜 |
| 石灰岩 | 211.60 | 4.75 | φ95 | 7.00 | 0.67 | 0.00 | 0.00 | 4.33 | 12.00 | 0.68 | 0.40 | 修水泵、测斜 |
| 石灰岩 | 219.28 | 7.68 | φ95 | 9.17 | 2.83 | 0.00 | 0.00 | 0.00 | 12.00 | 0.84 | 0.64 | |
| 石灰岩 | 228.69 | 9.41 | φ95 | 10.08 | 3.25 | 0.00 | 3.67 | 0.00 | 17.00 | 0.93 | 0.55 | 处理断钻 |
| 角砾状灰岩 | 232.09 | 3.40 | φ95 | 5.75 | 1.25 | 0.00 | 0.00 | 0.00 | 7.00 | 0.59 | 0.49 | |
| 角砾状灰岩 | 246.14 | 14.05 | φ95 | 20.17 | 3.42 | 0.00 | 0.00 | 0.41 | 24.00 | 0.70 | 0.59 | 测斜 |
| 石灰岩 | 262.28 | 16.14 | φ95 | 20.33 | 3.67 | 0.00 | 0.00 | 0.00 | 24.00 | 0.79 | 0.67 | |
| 石灰岩 | 267.75 | 5.47 | φ95 | 7.33 | 1.83 | 0.00 | 5.00 | 9.84 | 24.00 | 0.75 | 0.23 | 测斜、扩孔、处理断钻 |
| 石灰岩 | 267.75 | 0.00 | φ95 | 0.00 | 0.00 | 0.00 | 4.00 | 20.00 | 24.00 | 0.00 | 0.00 | 扩孔、处理断钻 |
| 石灰岩 | 267.75 | 0.00 | φ95 | 0.00 | 0.00 | 0.00 | 0.00 | 24.00 | 24.00 | 0.00 | 0.00 | 扩孔、修水泵、换水接头 |
| 石灰岩 | 267.75 | 0.00 | φ95 | 0.00 | 0.00 | 0.00 | 0.50 | 23.50 | 24.00 | 0.00 | 0.00 | 扩孔 |
| 石灰岩 | 269.04 | 1.29 | φ95 | 4.00 | 0.33 | 8.00 | 0.00 | 11.67 | 24.00 | 0.32 | 0.05 | 扩孔、停电 |
| 石灰岩 | 273.83 | 4.79 | φ95 | 4.17 | 0.50 | 0.00 | 0.00 | 7.33 | 12.00 | 1.15 | 0.40 | 换钻具、等待定位、修水泵 |
| 石灰岩 | 278.61 | 4.78 | φ95 | 7.33 | 1.17 | 0.00 | 0.00 | 3.50 | 12.00 | 0.65 | 0.40 | 换钻具 |
| 石灰岩 | 278.61 | 0.00 | φ95 | 0.00 | 0.00 | 0.00 | 0.00 | 24.00 | 24.00 | 0.00 | 0.00 | 测斜、扫孔 |

续表 4-14

| 岩性 | 钻孔深度 (m) | 钻探进尺 (m) | 钻孔口径 (mm) | 纯钻时间 (h) | 辅助时间 (h) | 息工时间 (h) | 井故时间 (h) | 其他时间 (h) | 施工时间 (h) | 纯钻效率 (m/h) | 施工效率 (m/h) | 备注 |
|---|---|---|---|---|---|---|---|---|---|---|---|---|
| 石灰岩 | 278.61 | 0.00 | φ95 | 0.00 | 0.00 | 0.00 | 0.00 | 24.00 | 24.00 | 0.00 | 0.00 | 修钻机,扫孔,等待定位 |
| 石灰岩 | 282.97 | 4.36 | φ95 | 6.00 | 0.00 | 0.00 | 0.00 | 2.00 | 8.00 | 0.73 | 0.55 | 等待定位,定位 |
| 石灰岩 | 287.78 | 4.81 | φ95 | 8.50 | 1.00 | 0.00 | 0.00 | 6.50 | 16.00 | 0.57 | 0.30 | 提钻下钻,等待定位 |
| 石灰岩 | 287.78 | 0.00 | φ95 | 0.00 | 0.00 | 0.00 | 5.33 | 18.67 | 24.00 | 0.00 | 0.00 | 等待测斜、测斜、处理断钻 |
| 石灰岩 | 296.99 | 9.21 | φ95 | 16.33 | 0.00 | 1.00 | 0.00 | 6.67 | 24.00 | 0.56 | 0.38 | 提钻下钻、测斜、修水泵、等水 |
| 石灰岩 | 300.49 | 3.50 | φ95 | 6.83 | 1.08 | 0.00 | 7.67 | 8.42 | 24.00 | 0.51 | 0.15 | 提钻下钻、测斜、处理断钻 |
| 石灰岩 | 300.49 | 0.00 | φ95 | 0.00 | 0.00 | 24.00 | 0.00 | 0.00 | 24.00 | 0.00 | 0.00 | 处理断钻 |
| 石灰岩 | 304.52 | 4.03 | φ95 | 7.16 | 0.00 | 0.00 | 0.00 | 3.17 | 10.33 | 0.56 | 0.39 | 扩孔 |

#### 4.1.5.3 分支孔垂直段试验数据与分析

**1. 钻进工艺**

分支孔垂直段大部采用 $\phi$73mm 绳索取芯钻杆、$\phi$73mm 钻具和 $\phi$75mm 金刚石取芯钻头回转钻进,回转速度设定为 1 挡,泥浆泵泵量为 200L/min。其中 332.83～338.61m 采用 $\phi$73mm 直螺杆钻具配合 $\phi$75mm 全破碎金刚石钻头进行钻探,泥浆泵泵量为 250L/min。

**2. 钻孔垂直度控制措施与效果分析**

分支孔垂直段施工中采用轻压、慢转钻进参数,同时增加测斜频率,提前预测钻孔方位变化。至终孔时,分支孔垂直段始终控制在靶区范围之内,符合设计要求,详见表 4-15、图 4-10。

表 4-15 钻孔 350.09m 深度时的测斜成果

| 深度(m) | 方位(°) | 斜度(°) | 偏距(m) | 垂深(m) | 闭合方位角(°) | 偏率(‰) |
|---|---|---|---|---|---|---|
| 299.761 | 213.8 | 1.59 | 7.618 | 299.506 | 274.1 | 25.4 |
| 309.388 | 189.9 | 1.27 | 7.694 | 309.130 | 272.3 | 24.9 |
| 319.679 | 130.8 | 0.59 | 7.634 | 319.419 | 271.2 | 23.9 |
| 329.638 | 123.9 | 0.54 | 7.555 | 329.378 | 270.7 | 22.9 |
| 339.597 | 135.5 | 0.65 | 7.474 | 339.336 | 270.2 | 22.0 |
| 344.576 | 141.9 | 0.64 | 7.437 | 344.315 | 269.9 | 21.6 |

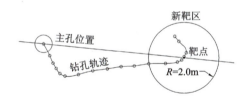

图 4-10 钻孔 350.09m 深度时轨迹平面位置投影图

**3. 钻探效率统计**

分支孔垂直段钻探效率统计详见表 4-16。

**4. 钻机立轴固定措施**

试验中定向采用 JDT-6 型电子陀螺测斜仪,定向完成后,造斜钻进施工过程中必须保证钻杆不会产生转动,而只能产生上下方向的移动。为了实现上述功能,项目组专门设计加工了立轴夹板(图 4-11),用于固定钻机立轴和油缸,以此保证造斜过程中螺杆钻具不产生方位偏移,从而实现受控定向钻进。

图 4-11 立轴夹板实物图

表 4-16 分支孔垂直段钻探效率统计表

| 岩性 | 钻孔深度 (m) | 钻探进尺 (m) | 钻孔口径 (mm) | 纯钻时间 (h) | 辅助时间 (h) | 息工时间 (h) | 井故时间 (h) | 其他时间 (h) | 施工时间 (h) | 纯钻效率 (m/h) | 施工效率 (m/h) | 备注 |
|---|---|---|---|---|---|---|---|---|---|---|---|---|
| 石灰岩 | 308.23 | 3.71 | φ75 | 8.50 | 1.28 | 0.00 | 0.00 | 3.89 | 13.67 | 0.44 | 0.27 | 扫孔 |
| 石灰岩 | 308.23 | 0.00 | φ75 | 0.00 | 0.00 | 0.00 | 0.00 | 24.00 | 24.00 | 0.00 | 0.00 | 提钻、测斜、下钻、处理断钻 |
| 石灰岩 | 308.23 | 0.00 | φ75 | 0.00 | 6.00 | 0.00 | 0.00 | 18.00 | 24.00 | 0.00 | 0.00 | 扩孔、提钻、待水 |
| 石灰岩 | 308.23 | 0.00 | φ75 | 0.00 | 0.00 | 6.50 | 0.00 | 17.50 | 24.00 | 0.00 | 0.00 | 停水、扩孔、提钻待水 |
| 石灰岩 | 308.23 | 0.00 | φ75 | 0.00 | 0.00 | 0.00 | 0.00 | 12.00 | 12.00 | 0.00 | 0.00 | 停水、扩孔、提钻下钻 |
| 石灰岩 | 308.79 | 0.56 | φ75 | 4.00 | 0.00 | 0.00 | 0.00 | 8.00 | 12.00 | 0.14 | 0.05 | 等水 |
| 石灰岩 | 312.29 | 3.50 | φ75 | 4.50 | 0.00 | 0.00 | 0.00 | 1.50 | 6.00 | 0.78 | 0.58 | 提钻 |
| 石灰岩 | 314.69 | 2.40 | φ75 | 8.50 | 1.00 | 0.00 | 0.00 | 8.50 | 18.00 | 0.28 | 0.13 | 下钻、换水接头、提钻 |
| 石灰岩 | 317.09 | 2.40 | φ75 | 10.25 | 1.17 | 0.33 | 0.00 | 12.25 | 24.00 | 0.23 | 0.10 | 处理断钻、下钻 |
| 石灰岩 | 320.37 | 3.28 | φ75 | 7.33 | 1.33 | 0.00 | 0.00 | 15.34 | 24.00 | 0.45 | 0.14 | 待水、修水泵、处理断钻 |
| 石灰岩 | 322.77 | 2.40 | φ75 | 8.50 | 4.50 | 0.00 | 0.00 | 11.00 | 24.00 | 0.28 | 0.10 | 测斜、处理断钻、下钻、提钻 |
| 石灰岩 | 327.64 | 4.87 | φ75 | 9.25 | 7.00 | 0.00 | 0.00 | 7.75 | 24.00 | 0.53 | 0.20 | 测斜、处理断钻、提钻 |
| 石灰岩 | 331.56 | 3.92 | φ75 | 9.67 | 2.00 | 0.00 | 0.00 | 12.33 | 24.00 | 0.41 | 0.16 | 处理断钻、提钻 |
| 石灰岩 | 332.83 | 1.27 | φ75 | 4.83 | 1.00 | 0.00 | 0.00 | 6.17 | 12.00 | 0.26 | 0.11 | 下钻、处理断钻 |
| 石灰岩 | 338.61 | 5.78 | φ75 | 9.33 | 0.00 | 0.00 | 0.00 | 2.67 | 12.00 | 0.62 | 0.48 | 下钻、泵压过高无法工作 |
| 石灰岩 | 342.52 | 3.91 | φ75 | 14.50 | 1.50 | 0.00 | 0.00 | 8.00 | 24.00 | 0.27 | 0.16 | 提钻下孔、扫孔、处理断钻 |
| 石灰岩 | 347.59 | 5.07 | φ75 | 11.80 | 2.50 | 0.00 | 0.00 | 9.70 | 24.00 | 0.43 | 0.21 | 处理断钻、测斜 |
| 石灰岩 | 350.09 | 2.50 | φ75 | 9.72 | 3.11 | 0.00 | 0.00 | 11.17 | 24.00 | 0.26 | 0.10 | 处理断钻、提钻 |

## 4.2 小口径钻探定向纠斜技术

### 4.2.1 试验背景

矿山帷幕注浆的堵水率一般要求不小于70%,要在岩溶裂隙发育、透水性和富水性不均一的岩溶含水层中达到这一要求,必须形成封闭的、连续且具有一定厚度的堵水帷幕。形成连续帷幕最关键的技术参数为浆液的扩散半径、注浆孔的排距和间距,为确保上述技术参数达到设计要求,需要对钻孔垂直度有严格要求。

目前,国内外有众多的钻孔纠斜技术,但在矿山帷幕注浆工程中应用均存在较大程度的不适用性,例如:在探矿过程中,由于岩(矿)芯采取率不够或矿石标本欠缺,需要在原孔上部通过造斜钻进采芯以补全数量。该方法的原理是利用废弃钻具的一半材料,采用在管内补焊或管外垫高方式形成一定的楔面角度即为偏心楔,通过小一规格的钻具顺着这一人造角度钻探后偏离原孔轨迹,以达到造斜目的。该方法无法确定方位,仅能制造角度,无法确保注浆孔已偏离的轨迹按设计轨迹纠正。

石油钻探工程中定向钻探技术是该领域较为成熟的一种技术,在石油勘探中起到了非常重要的作用。但是,该技术需要钻孔口径较大,而矿山帷幕注浆钻孔口径一般为$\phi 75mm \sim \phi 91mm$,石油钻探定向技术无法直接应用于矿山帷幕注浆。

### 4.2.2 试验过程

以上提及的两种造斜技术对注浆孔纠斜均不适用,为保证中关铁矿帷幕注浆工程顺利实施,要求技术人员研究新的纠斜技术以确保注浆孔垂直度。

虽然偏心楔无法按预想要求造斜,但螺杆钻具的定向原理让我们联想到可以精确测试钻孔轨迹的陀螺测斜仪。在中关工程中采用的JDT-6型陀螺测斜仪具有高精度、测点连续、防磁场影响等特点,其连续测试功能能够较精确地体现钻孔轨迹,为纠正钻孔的偏斜方向提供定位依据,这就是小口径垂直钻孔纠斜技术的核心。

小口径垂直钻孔纠斜技术原理就是利用陀螺测斜仪精确测试数据,形成钻孔运行轨迹,在钻孔将要偏离设计要求时,采用造斜工具人工造斜纠正钻孔。

本技术的纠斜装置已获得国家实用新型发明专利(专利号200920254204.2),该装置包括以下部件:

(1)陀螺测斜仪。高精度(方位角3°,顶角30″)、测点连续(可根据要求设置,单位为m)、防磁场影响。

(2)偏心楔。利用$\phi 73mm$钻杆制作,斜面长度一般为1.8~2.0m,内焊或外垫,形成0.5°~3.0°的楔面角度,上部与绳索取芯的钻杆相连。

(3)定位靴。外径小于$\phi 73mm$钻杆内径,一般外径为60mm左右,内径为50mm左右,材质可选用钢管或硬质塑料管,铆在偏心楔上部未剖开段。

(4)定位键。由金属制成,铆在定位靴的中心线位置,与偏心楔的楔面对应,其大小以能顺利进入定位器的键槽中为适合。

(5)定位器。一种可与陀螺测斜仪探头相连的带键槽装置,在进入定位靴后,键槽顺定位键而入,确定偏心楔面的方位。

(6)$\phi$60mm钻具一套。钻具长1.5~2.0m,配金刚石钻头。

### 4.2.3 应用实例

某铁矿帷幕注浆工程通过应用小口径垂直钻孔纠斜技术(纠斜装置见图4-12),保证了钻孔垂直度符合要求。表4-17是帷幕注浆工程中完成的测斜、纠斜工作量统计,表4-18即为帷幕注浆中所有钻孔孔斜合格率统计。

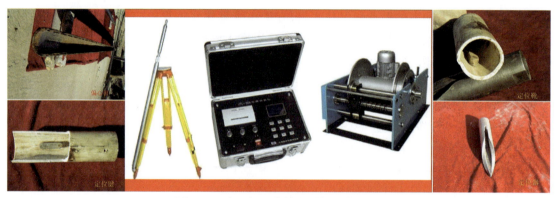

图4-12 小口径垂直钻孔纠斜技术装置

表4-17 钻孔测斜、纠斜记录统计表

| 钻孔类型 | 测斜 | | 纠斜 | |
|---|---|---|---|---|
| | 次数(次) | 平均(次/孔) | 次数(次) | 平均(次/孔) |
| 注浆孔 | 2764 | 10.9 | 842 | 3.3 |
| 加密孔 | 129 | 9.9 | 20 | 1.5 |
| 检查孔 | 299 | 9.3 | 50 | 1.6 |
| 观测孔 | 163 | 9.1 | 25 | 1.4 |
| 合计 | 3355 | 10.6 | 937 | 3.0 |

表4-18 钻孔孔斜合格率统计表

| 钻孔类型 | 设计标准(%) | 钻孔实际斜率(%) | | 合格率(%) |
|---|---|---|---|---|
| | | 最大 | 最小 | |
| 注浆孔 | ≤0.6 | 0.598 | 0.131 | 100 |
| 检查孔 | ≤0.6 | 0.578 | 0.153 | 100 |
| 加密孔 | ≤0.6 | 0.560 | 0.220 | 100 |
| 观测孔 | ≤1.0 | 0.936 | 0.472 | 100 |

## 4.3 大口径受控定向分支钻孔技术

### 4.3.1 试验背景

在上述小口径受控定向分支钻孔研究基础上,利用矿山溜破系统地表预注浆工程,进一步研究大口径受控定向分支钻孔。

矿山溜破系统设计采用地表预注浆方法进行地下水治理,设计最大孔深达 686.07m,其中破碎硐室部分注浆上限 599.0m,注浆下限 683.0m,上部非注浆段钻探深度达 599.0m。如果采用单一垂直孔注浆施工,非注浆段钻探和管材将占整个工程造价的很大部分。另外,施工场地狭小,两孔间距仅为 7m 左右(图 4-13),采用单一垂直孔注浆施工,钻机摆设将极为困难。针对上述情况,本次设计采用定向分支孔施工技术,选取少数注浆孔作为注浆主孔,在完成全孔注浆施工后,从钻孔的某一深度进行分支施工,通过人工控制钻孔轨迹进入预定靶区后转为垂直孔进行注浆施工。

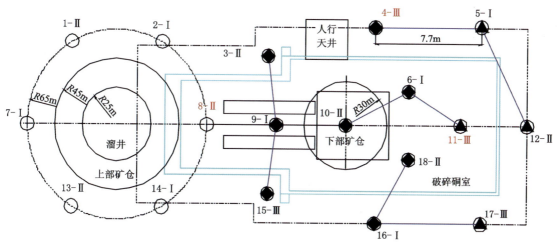

图 4-13 注浆孔孔位布置图

### 4.3.2 研究内容

利用中关铁矿溜破系统地表预注浆工程现有条件,对受控定向分支注浆孔施工工艺进行全面研究,以掌握分支、定向、造斜等关键技术环节为目的,同时对造斜钻进效率、钻探成本及相应的事故处理等方面进行分析总结,以指导工程实践。

研究内容主要包括以下几点:

(1)受控定向分支钻孔轨迹的理论设计研究。根据工程本身的特点和地层岩性、裂隙发育因素,统筹设计受控定向分支孔的轨迹,理论设计是分支孔施工的关键。

(2)施工受控定向分支注浆孔相关工艺研究。确定配套工器具、造斜钻具组合,对施工设备进行选型,选择适合本施工工艺的钻探设备、定向设备以及其他配套工器具。

(3)受控定向分支孔造斜段钻进与注浆施工的相关工艺问题研究。

(4)大口径受控定向分支孔施工工法研究。在完成对受控定向分支孔钻孔轨迹设计、施工设备、施工工艺研究的基础上,将其施工工艺进一步归纳总结,使其形成系统化的流程,进行相应的分支孔施工工法的研究。

### 4.3.3 受控定向分支钻孔轨迹的理论设计

#### 4.3.3.1 分支孔各参数计算原理

根据前期工程钻孔揭露,地层由上到下依次为第四系松散层、中奥陶统石灰岩、矽卡岩及燕山期闪长岩等,施工所处的破碎硐室和下部矿仓垂向注浆上限标高为－375.6m,埋深为550m,其中含有隔水顶板厚度20m。

针对受控定向分支注浆孔施工技术,对钻孔轨迹进行了设计,"S"形钻孔在地层中的轨迹是三维的,由若干孔段组成,有直孔段、增斜段、稳斜段、降斜段,如图4-14所示。图中 $AB$ 段为直孔段,$BC$ 弧线段为增斜段,$CD$ 段为稳斜段,$DE$ 弧线段为降斜段,$EF$ 段为直孔段,$D_1$ 为增斜段起始点深度,即开始定向钻进时的深度,$D_2$ 为降斜后成为直孔段时的深度,$R_1$ 为增斜段的曲率半径,$R_2$ 为降斜段的曲率半径,$S$ 为目标点的水平偏距。通常 $D_1$、$D_2$、$S$ 是预先给定的,$R_1$ 和 $R_2$ 可以根据增斜段和降斜段的造斜率计算($K_{c1}$、$K_{c2}$),造斜率与造斜工具有关,也作为已知参数,需要计算的主要是稳斜段的顶角(以 $\theta$ 表示)和长度 $CD$、增斜段钻进长度 $BC$ 段弧长 $L_1$ 及降斜段的钻进长度 $DE$ 段弧长 $L_2$,其中 $\theta$ 和 $CD$ 是关键参数。

通过几何及三角学计算,可以按下列公式计算出所求钻孔轨迹参数:

$$\theta = \arctan \frac{R_1 + R_2}{\sqrt{(D_1 - D_2)^2 - 2(R_1 + R_2)S + S^2}} - \arctan \frac{R_1 + R_2 - S}{D_2 - D_1} \tag{4-1}$$

式中:$R_1 = 57.3/K_{c1}$;$R_2 = 57.3/K_{c2}$;$L_1 = 30.48\gamma/K_{c1}$;$L_2 = 30.48\gamma/K_{c2}$;$CD = \sqrt{(D_1 - D_2)^2 - 2(R_1 + R_2)S + S^2}$。

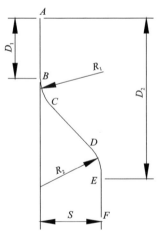

图4-14 "S"形定向钻孔轨迹设计示意图

4.3.3.2 参数计算

根据矿区周边地层及孔位布置,现对具体参数进行分析论证。

$S$:根据钻孔平面布置图,直孔与分支孔间距最小为 4.58m,最大为 7.7m,以 5#直孔与 12#分支孔为例,两孔之间距离为 7.5m(图 4-15),即 $S=7.5$m。

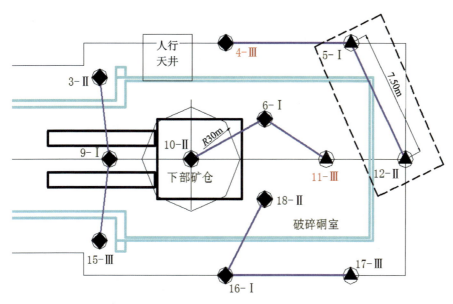

图 4-15　5#、12#孔孔距图

$D_1$、$D_2$:根据施工前期钻孔柱状图,361.93～391.43m 位置处为矽卡岩化破碎带(图 4-16)。根据分支点位置选择原则,将此处作为分支位置,以 12#分支孔为例,$D_1=380$m;根据相关设计文件,注浆段顶板埋深为 550m,即 $D_2=550$m。

$K_{c1}$、$K_{c2}$:根据所使用的螺杆钻具型号,$K_{c1}$、$K_{c2}$ 为 8.70°/30m。

根据上述已知参数,$R_1$、$R_2$ 曲率半径为 6.59m,顶角 $\theta=0.04°$,稳斜段 $CD=169.6$m。

## 4.3.4　受控定向分支孔施工机具

通过前期广泛收集资料和走访调查,最终选定本次施工主要设备,见表 4-19。

表 4-19　施工所用设备及用途

| 设备名称 | 施工用途 |
| --- | --- |
| TSJ-2000/660 型钻机 | 提供钻进动力,分支孔定向时钻具固定 |
| BW-850 型泥浆泵 | 提供增斜、降斜时的钻头动力及钻进时的冲洗液 |
| 7LZ102、5LZ130、5LZ146 螺杆钻具 | 增斜、降斜 |
| $\phi$89mm 钻杆 | 提供钻压,连接钻具与钻机,实现钻进 |
| $\phi$190mm、$\phi$130mm 牙轮钻头 | 冲击、压碎和剪切破碎地层岩石 |

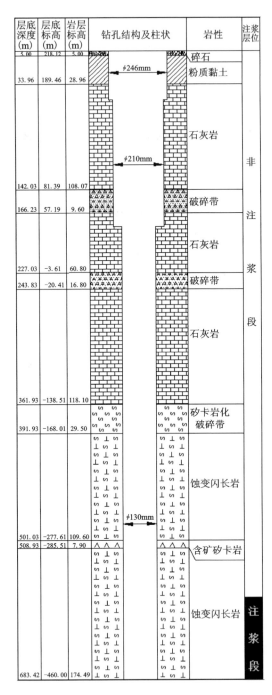

图 4-16 钻孔综合地质柱状图

## 4.3.5 定向分支孔施工工艺

在整个定向分支孔钻进过程中,主要分为 5 个阶段,分别为定向、造斜、斜孔钻进、降斜及直孔钻进阶段(图 4-17)。在介绍其分支过程时,以 5#直孔与 12#分支孔为例来进行具体阐述。

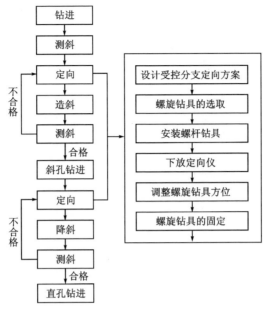

图 4-17 定向分支孔施工工艺流程

#### 4.3.5.1 定向阶段

定向阶段在所有环节中是最为重要的一个环节,关系到定向孔倾斜段最终能否到达设计靶心位置。

在分支之前,先要进行架桥,架桥质量直接影响分支孔的偏斜效果。现场使用 0.6∶1 的纯水泥浆液,12♯孔设计分支点为 380m 左右,封孔高度高出分支点 20m,即孔深 360m 处。封孔完毕之后进行水泥浆液待凝(待凝时间 4d 左右),确保水泥结石强度达到 5～6MPa,再进行偏斜工作。

在选择分支点位置时,主要遵循以下原则:一是选择岩石较软的孔段,二是该孔段钻孔顶角小,钻孔顶角尽量不大于 5°。通过钻孔综合地质柱状图(图 4-16)可知,361.93～391.43m 为矽卡岩化破碎带,且通过已完工的 5♯钻孔轨迹图(图 4-18)可知,380m 位置处钻孔顶角较小,为 0.77°。综上所述,380m 位置处作为分支点是最合适的。

受控定向分支孔定向施工示意图参考图 4-19。

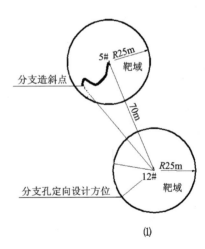

图 4-18 12♯分支孔分支造斜点

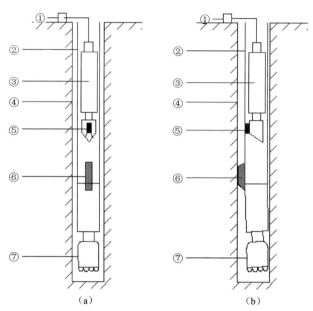

图 4-19 受控定向分支孔定向施工示意图
(a)受控定向分支孔定向过程结构示意图；(b)是(a)的左侧视图
①地面设备；②螺杆钻具；③陀螺定向仪；④井壁；⑤定位键；⑥侧壁偏心垫铁；⑦牙轮钻头

在定向施工阶段，主要由以下步骤组成。

**1. 螺杆钻具下放**

(1)以上述螺杆钻具与配套设备的安装顺序进行下放。下放过程中，需控制下放速度，否则易被孔中的沙桥、孔台肩、套管鞋所损坏。如遇到这样的井段，往往需开动钻井泵，慢慢地扩大孔径再通过，不可墩钻或将钻具直接放进孔底。下放前计算好孔深，确保螺杆钻具能够顺利下放到设计位置。

(2)下放过程中钻杆间的连接手要拧紧，避免在纠正过程中由于纠正钻杆的转动带动钻杆转动，而改变螺杆钻具的定位方向。

**2. 螺杆钻具定位**

(1)现场取固定的任一点作为参照点放置经纬仪，将陀螺定向仪放置在井口，通过经纬仪观测井口陀螺定向仪，调整陀螺定向仪使其与参照点的角度为 $0°$，并在放置陀螺定向仪的钻杆口处做标记 A。同时，设置测斜仪初始角度为 $0°$。

(2)设置完成后，下放陀螺定向仪进行定向。当确定陀螺仪卡入定位键时，此时陀螺测斜仪头部豁口与螺杆钻具弯度方向一致，记录此时方位角为∠1，提出陀螺定向仪，确保下放钻杆不被转动。

(3)通过计算，定向角度∠3＝方位角∠1－分支孔方向与参照点的夹角∠2；将定向角度∠3 转换为钻杆旋转弧长 $L$，即旋转弧长 $L$＝偏转角度∠3×钻杆半径 $R$。

(4)以标记 A 为旋转弧长 $L$ 的起始位置，做出旋转位置标记 B。

(5)连接主动钻杆，将 $\phi 89\text{mm}$ 钻杆上面的旋转位置标记 B 上移至主动钻杆标记 C。

(6)旋转井口盘，同时用经纬仪观测主动钻杆标记 C，直至与参照点角度为 $0°$。

**3. 螺杆钻具固定**

螺杆钻具固定一定要牢固。定向后在钻杆上做好标记,再将井口盘焊牢,以防钻杆在造斜施工过程中发生转动。

**4.3.5.2 造斜阶段**

在螺杆钻具定好方位后,即进入造斜阶段。利用 BW-850 泥浆泵提供冲击压力,使得 5LZ146 螺杆钻具转动,从而带动 $\phi$190mm 牙轮钻头转动;利用钻杆自身重量提供钻压。

在造斜阶段,泵压及钻压控制至关重要,泵压是牙轮钻转动的动力来源,钻压大小反作用于牙轮钻。在相同的泵压下,钻压大,则牙轮转速变小;反之,则变大。

在造斜阶段开始时,首先应控制泵压,使得马达压降至所使用的螺杆钻具规定值范围内。现场造斜时,使用 5LZ146 螺杆钻具,泥浆泵使用 4 对凡尔座,泵压控制在 3.5MPa 左右;钻压控制也是必不可少的一个环节,必须保证在不憋压的同时,钻头能够与岩壁摩擦造斜,这就使得钻压相对钻进而言要足够小(一般为 400~1600kg 压力),而钻压是通过钻杆自重与钻机提升系统共同作用的,现场在给 18#孔造斜时,造斜位置位于矽卡岩化破碎带,钻杆自重 9.6t,提升钻杆拉力控制在 80kN(8t)左右。所以,钻压控制在 1.6t 压力左右。但具体情况应具体考虑,钻压主要根据造斜进尺以及通过的地层综合考虑,一般以电动机上皮带"似动非动"为标准。

判断是否造斜成功要参考两个因素,第一个因素为观察钻孔冲洗液扫出的岩粉,如果不同于水泥则有可能已经造斜成功;第二个因素为稍稍加大现有钻压,如果进尺变快,则造斜不成功,如果进尺变慢,则造斜初步成功(水泥结石较岩石软)。

只有满足上述两个条件,才能认为造斜成功。成功后进尺 6~10m 提钻,改换牙轮钻头,并加入短钻铤(8m 左右),继续钻进 8~10m。为了稳固造斜效果,提钻后改换长钻铤,继续钻进 10m 左右。在此钻进期间,使用档位为 1 挡,BW-850 泥浆泵使用 3 对凡尔座,泵压控制在 3.5MPa 左右。然后进行测斜,观测造斜效果,如不理想,则重新进行纠斜;如理想,则进入下一阶段。

图 4-20 为 12#分支孔造斜钻进轨迹图。

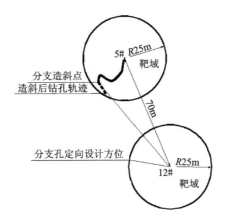

图 4-20 12#分支孔定向造斜后轨迹平面图

### 4.3.5.3 斜孔钻进阶段

在斜孔钻进时,应根据地层情况适时改变钻压,当遇到矽卡岩化破碎带时,使用 4t 钻压压力;当遇蚀变闪长岩时,使用 4.5t 钻压压力。分支孔斜孔钻进时,使用档位为 1 挡,泥浆泵使用 3 对凡尔座,泵压控制在 3.5MPa 左右。

分支斜孔钻进过程中,20～30m 测斜一次,随时掌握钻孔轨迹的变化情况,以便及时进行轨迹的调整。调整过程中,如遇造斜或降斜,均需使用螺杆钻具,操作步骤如上所述,最重要的是随时关注钻压及泵压,并根据实际地层及钻进情况改变钻压及泵压。

斜孔钻进过程中,一般要进行两次造斜,如顶角不理想,可在弯头处垫一铁板来增加顶角度数(图 4-21)。12♯孔分支位置位于 380m,到 500m 左右进行降斜,预计顶角为 4°左右,在 380m 分支处初始顶角为 0.7°,偏距为 2.09m,在首次造斜后钻进 20m 左右,进行测斜工作,看钻进效果如何,这决定是否要进行第二次造斜及是否要增大顶角造斜。12♯孔通过施工,在 500m 位置处,通过一次造斜达到偏距要求,见图 4-22。

图 4-21 偏心垫铁

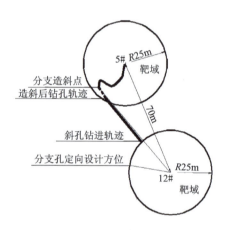

图 4-22 斜孔钻进轨迹平面图

### 4.3.5.4 降斜阶段

在降斜阶段,应尽快降低顶角,当钻进到注浆段孔深时,钻孔顶角应为 0°,钻孔垂直进入注浆段。

降斜定向过程与造斜定向过程类似,唯一不同的是在转动螺杆钻具时应多转 180°。另外,降斜过程中到注浆顶板 40～50m 位置时,变径采用 130mm 钻头继续钻进,20～30m 测斜一次,保证钻孔轨迹沿设计方位钻进。12♯分支孔于 500m 左右开始降斜,500m 位置处顶角为 3.11°,通过 80m 降斜距离,于 580m 位置处降斜完成,降斜后顶角为 2.56°,见图 4-23。

### 4.3.5.5 直孔钻进阶段

降斜完成后即进入直孔钻进阶段,直孔钻进阶段主要为注浆阶段。在钻进时,主要依靠钻铤及钻杆自重给足钻压,根据现场地层,钻压基本为 4t 压力。在提高钻压的前提下,加快转速(2 挡钻进),使钻杆能够尽量保直(图 4-24)。

4 帷幕注浆工程钻探技术研究

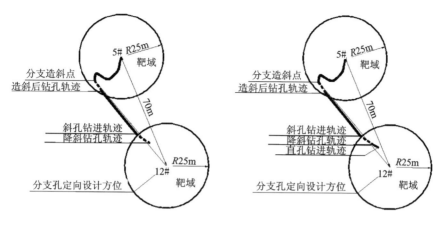

图 4-23 降斜钻进轨迹平面图　　图 4-24 直孔钻进轨迹平面图

## 4.3.6 相关参数控制

在分支孔施工过程中,参数控制相当重要,决定着定向分支孔的成败。不论在造斜、降斜,还是斜孔、直孔钻进,泵压、钻压、转速是施工中必不可少的工作参数,如能在不同地层中灵活掌握、控制这些参数,将对定向分支孔的实际施工提供成功的保障。

现场定向分支孔实际施工情况汇总见表 4-20。

表 4-20 施工情况汇总表

| 孔号 | 位置 | 施工状态 | 钻压 | | | 泥浆泵流量 (L/min) | 泵压 (MPa) | 转速 |
|---|---|---|---|---|---|---|---|---|
| | | | 钻杆总重(kN) | 提升力(kN) | 钻压(kN) | | | |
| 10 | 380m | 造斜 | 80 | 76 | 4 | 319 | 3.5 | |
| | 400m | 造斜 | 80 | 56 | 24 | 319 | 3.5 | |
| | 510m | 钻进 | 96 | 56 | 40 | 425 | 3 | 1挡 |
| 18 | 350m | 造斜 | 96 | 80 | 16 | 319 | 2 | |
| | 437m | 钻进 | 104 | 64 | 40 | 425 | 2.5 | 2挡 |
| | 554m | 钻进 | 144 | 84 | 60 | 425 | 2.5 | 2挡 |
| | 580m | 钻进 | 104 | 64 | 40 | 425 | 3 | 2挡 |
| 3 | 450m | 钻进 | 100 | 56 | 44 | 425 | 3 | 2挡 |
| 4 | 390m | 造斜 | 80 | 72 | 8 | 319 | 3 | |
| | 512m | 钻进 | 104 | 56 | 48 | 319 | 2 | 1挡 |
| | 522m | 钻进 | 116 | 76 | 40 | 319 | 2 | 1挡 |
| | 524m | 降斜 | 100 | 80 | 20 | 425 | 2.5 | |

通过对施工情况汇总并结合地层实际情况,找出了不同岩性、不同施工状态下的钻压、转速、泥浆泵流量、泵压等,见表 4-21。通过分析可以发现,造斜阶段使用的钻压最小,其次为降

斜阶段,钻进阶段的钻压最大,保持在40kN左右。虽然直孔钻进过程中穿过的地层较为单一,但可以为以后相似地层的施工积累相应数据支持。

表4-21 不同岩性下施工参数表

| 施工状态 | 岩性 | 钻压(kN) | 泥浆泵流量(L/min) | 泵压(MPa) | 转速 |
|---|---|---|---|---|---|
| 造斜 | 矽卡岩化破碎带 | 4~24 | 319 | 2~3.5 | |
| 钻进 | 蚀变闪长岩 | 40~60 | 319~425 | 2.5~3 | 1~2挡 |
| 降斜 | 蚀变闪长岩 | 20 | 425 | 2.5 | |

## 4.4 大口径受控定向分支孔施工工法

大口径受控定向分支孔施工工法能够精确控制钻孔的偏斜范围,有效节约注浆工程中非注浆段的施工成本,提高施工效率;有效节约矿山投资,缩短施工工期,广泛适用于各类深部含水层注浆堵水工程、定向钻进工程及水文地质勘探中涉及受控定向钻孔控斜和定向偏斜技术的钻探施工。

### 4.4.1 工法特点

(1)本工法采用JDT-5高精度陀螺测斜仪及时掌握钻孔轨迹。在主孔的设计深度,JDT-5高精度陀螺测斜仪与螺杆钻具相结合进行受控定向分支注浆孔的定向分支施工,施工过程经历定向、造斜、斜孔钻进、降斜和直孔钻进5个阶段。

(2)该工法操作简便灵活,准确性高,可有效解决现有垂直钻孔和受控分支孔控斜技术中存在的效果差及操作复杂等问题。

(3)采用该工法施工钻孔,最大口径可达216mm,最大孔深可达1000m,满足各种复杂水文地质条件下的注浆堵水施工要求,有效节约注浆工程中非注浆段的施工成本,提高施工效率。

(4)能够精确控制钻孔的偏斜范围,使钻孔轨迹保持在设计范围以内,不受矿体磁场和地层复杂变化的影响,减少了非注浆段的辅助钻探工作量,有效缩短施工工期,降低矿山投资。

### 4.4.2 工艺原理

钻孔过程中及时采用JDT-5高精度陀螺测斜仪进行跟踪测斜,及时掌握钻孔轨迹;通过分析主钻孔轨迹和地层资料,确认分支点位置、钻孔方位和倾角;根据设计钻孔口径要求选择相应的螺杆钻具(倾角和口径);将螺杆钻具与钻杆等设备于地面组装后通过钻机卷扬下放至主孔内设计分支孔分支顶点部位;采用陀螺定向仪根据分支孔设计方位和倾角进行定向调整;根据分支孔造斜位置的地层情况选择相应的泥浆泵压力和流量进行定向、分支造斜、斜孔钻进、降斜和直孔钻进施工。以上5个阶段可根据定向分支施工情况循环采用,直到钻孔轨迹(倾角、方位角)符合设计要求,即达到设计靶域范围。

### 4.4.3 施工工艺流程及操作要点

#### 4.4.3.1 施工工艺流程

施工工艺流程如图 4-18 所示。

#### 4.4.3.2 操作要点

**1. 准备工作**

(1) 施工人员必须进行相应的技术培训,培训内容包括钻孔设计结构图纸、螺杆钻具的选型及安装要求、机械设备操作技术、测斜仪器使用方法、钻孔定向理论与操作技术等。

(2) 材料准备工作。螺杆钻具采用与施工钻孔口径相匹配的型号,一般口径有 7LZ102 螺杆钻具、5LZ130 螺杆钻具、5LZ146 钻具等几种,应根据分支点位置口径选取相应型号。

**2. 钻孔测斜**

(1) 钻孔测斜采用 JDT-5 高精度陀螺(图 4-25)测斜仪,可在强磁性地区进行精确测量,该仪器测量精度顶角误差范围为 ±3′,方位误差小于 1°。

图 4-25 JDT-5 陀螺测斜仪和陀螺定向仪

(2) 根据钻孔施工和测斜仪器性能技术要求,钻进施工过程中及时进行测斜,一般控制在每进尺 30~50m 测量一次,如在造斜和降斜阶段可进一步缩短测斜距离至 10m。

(3) 在受控定向分支孔造斜和降斜过程中,对钻孔的定向钻进效果及时进行检查,发现偏离预定方案,及时进行重新定向处理。

**3. 螺杆钻具选型**

(1) 螺杆钻具的类型参数分为口径和弯度(螺杆钻具自身的弯度)两种。矿山注浆工程中常用的口径为 $\phi120mm$、$\phi127mm$、$\phi146mm$,弯度分别为 1.0°、1.5°、2.0°。

(2) 在钻孔口径一定的情况下,其他条件不发生变化,以螺杆钻具的刚性最大为优选条件,即做到"大马拉小车",确保安全性。钻具的口径越大,刚性越大,即选取接近钻孔口径的螺杆钻具为最佳。

(3) 根据测斜资料分析分支点的斜度和设计靶域的偏斜位置,制定分支孔定向方案。根据方案的不同情况选择不同角度的螺杆钻具,主要分为以下几种情况:

A. 当设计倾角大于 4°时,可选择 2.0°以上的螺杆钻具;

B. 当设计倾角为 2°~4°时,可选择 1.5°~2.0°的螺杆钻具;

C.当设计倾角小于2°时,可选择1.0°以下的螺杆钻具。

本工法中选用的螺杆钻具参考图4-26。

**4. 螺杆钻具安装**

(1)完成螺杆钻具的选型后进行定向安装工作,即定向钻探设备的组装。

(2)为了增加下部螺杆钻具在井底的稳固性,在螺杆钻具上部连接钻铤,在钻铤的重力作用下使螺杆钻具更加稳固,不发生较大的方位偏移。

(3)为更好地发挥螺杆钻具自身的弯度,可在钻铤上部增加一根带有弯度的φ89mm钻杆(图4-27),弯度方向与螺杆钻具自身弯曲方向相同。

图4-26 螺杆钻具

图4-27 带有弯度的钻杆

**5. 定向施工**

受控定向分支孔定向施工示意图参考图4-19。

1)螺杆钻具下放

(1)以上述螺杆钻具与配套设备的安装顺序进行下放。下放过程中,需控制下放速度,否则螺杆钻具易被孔中的沙桥、孔台肩、套管鞋损坏。如遇到这样的井段,往往需开动钻井泵,慢慢地扩大孔径再通过,不可墩钻或将钻具直接放进孔底。下放前计算好孔深,确保螺杆钻具能够顺利下放到设计位置。

(2)下放过程中钻杆间的连接手要拧紧,避免在纠正过程中由于纠正钻杆的转动带动钻杆转动,而改变螺杆钻具的定位方向。

2)螺杆钻具定位

(1)现场取固定的任一点作为参照点放置经纬仪,将陀螺定向仪放置在井口,通过经纬仪观测井口陀螺定向仪,调整陀螺定向仪使其与参照点的角度为0°,并在放置陀螺定向仪的钻杆口处做标记A。同时,设置测斜仪初始角度为0°(图4-28)。

图 4-28 初始 0°角的设定

(2)设置完成后,下放陀螺定向仪进行定向。当确定陀螺仪卡入定位键时,此时陀螺测斜仪头部豁口与螺杆钻具弯度方向一致,记录此时方位角为∠1,提出陀螺定向仪,确保下放钻杆不被转动。

(3)通过计算,定向角度∠3＝方位角∠1－分支孔方向与参照点的夹角∠2;将定向角度∠3 转换为钻杆旋转弧长 L,即旋转弧长 L＝偏转角度∠3×钻杆半径 R。

(4)以标记 A 为旋转弧长 L 的起始位置,做出旋转位置标记 B(图 4-29)。

(5)连接主动钻杆,将 φ89mm 钻杆上面的旋转位置标记 B 上移至主动钻杆标记 C(图 4-30)。

(6)旋转井口盘,同时用经纬仪观测主动钻杆标记 C,直至与参照点角度为 0°。

图 4-29 定向角度和弧长的标记

图 4-30 主动钻杆标记

3)螺杆钻具固定一定要牢固

定向后在钻杆上做好标记,再将井口盘焊牢(图4-31),以防钻杆在造斜施工过程中发生转动。

图 4-31 井口盘的焊接

**6. 分支孔造斜施工**

1)造斜钻进

(1)开始钻进时,先上提钻具或开启泥浆泵使泵压缓慢上升,进而下部钻头转速会缓慢增加,防止损坏套管或划眼。

(2)泥浆泵的泵压是螺杆钻具的动力来源,应控制泵压在螺杆钻具规定的范围内。造斜之处尽量减小钻进压力,随着钻进的深入,可适当增加钻进压力。

(3)在钻进时,严禁有异物进入螺杆钻具马达;坚决避免马达发生制动现象。

(4)钻进过程中注意观察冲洗液携带岩粉的情况,保障泥浆的质量,避免埋钻事故发生。

2)钻孔造斜效果检查

造斜钻进 10~15m 即可进行测斜,检验造斜效果,绘制钻孔轨迹平面图。如造斜效果明显,造斜钻进的钻孔轨迹方向与分支孔定向设计方位基本一致,可保持钻进 20m 后进入斜孔钻进阶段。如果造斜结果不符合设计要求,则需要往钻孔内造斜部位灌注浓度较高的水泥浆液(水灰比一般控制为 0.5∶1),待凝固后再次扫孔进行定向和造斜施工。

**7. 分支斜孔钻进施工**

(1)分支斜孔钻进过程中,去除螺杆钻具,采用钻铤加钻头的回转钻进形式进行施工。

(2)施工过程中严格控制钻进速度,避免发生方位偏移。可 20~30m 测斜一次,随时掌握钻孔轨迹的变化情况,以便及时进行轨迹的调整。

**8. 分支孔定向降斜施工**

定向降斜施工与上部定向造斜施工过程和技术要点相同。根据钻孔的实际轨迹情况,在钻孔大体方位不变的前提下减小钻孔偏斜角度,进入设计靶域。

**9. 分支孔直孔钻进施工**

(1)完成降斜施工后,使钻孔进入设计靶域。在此情况下保持偏斜角 0.5°~1.0°,钻孔轨迹在设计靶域内变化。

(2)钻进 15~20m 后可逐渐增加转速提高钻探速度。

(3)可增加钻铤数量以保证钻孔的垂直度。钻进 30m 测斜一次,及时调整钻孔的偏斜角度、方位等参数。

设备机具如表 4-22 所示。

表 4-22 机具设备

| 序号 | 设备名称 | 数量 | 备注 |
| --- | --- | --- | --- |
| 1 | 钻机 | 1 套 | 钻孔施工、提升下放钻具 |
| 2 | 螺杆钻具 | 1 套 | 造斜、降斜使用 |
| 3 | 陀螺测斜仪 | 1 台 | 测斜使用 |
| 4 | 陀螺定向仪 | 1 个 | 定向使用 |
| 5 | 孔口滑轮装置 | 1 台 | 下放、提升测斜(定向)仪 |
| 6 | 配电箱、照明、配套工具 | 若干 | 用电工具按二级保护装置 |

# 5 "鱼刺形"分支钻孔施工技术研究

## 5.1 问题提出

矿山帷幕注浆技术能够有效解决保护区域地下水环境与安全开采矿产资源之间的矛盾,其应用越来越广泛,已经成为国内矿山主要的水患治理手段。伴随着国内矿产资源深度开发的黄金十年,采用帷幕注浆技术成功治理矿山地下水患的矿山实例越来越多,传统的矿山帷幕技术发展日趋成熟,2015年颁布的《矿山帷幕注浆规范》(DZ/T 0285—2015)更是对矿山帷幕注浆技术的进一步总结和提高,其主要应用条件为:采用8~12m钻孔孔距地表施工、注浆材料多为单液水泥浆的低压力(孔内控制压力为2倍静水压力)帷幕注浆工程,其主要施工设备多采用地质岩芯钻机。但是,随着矿山资源开采强度的进一步加大,开采难度逐步提高,出现了深埋矿体、地层高角度裂隙发育、井巷工程内施工等特殊工况条件下的帷幕注浆工程。上述条件下的帷幕注浆工程,技术要求更高,施工难度更大。传统矿山止水帷幕钻探、注浆等施工工艺难以解决上述技术问题。

例如,华北有色工程勘察院有限公司2016年开始实施的"彝良驰宏矿业有限公司毛坪铅锌矿南部帷幕注浆试验工程",矿区地势陡峻,"V"形河谷发育,矿区最高山脉观音山标高2 194m,矿区洛泽河谷最低侵蚀基准面河床标高887m,相对高差1 315m,比降25.2%(图5-1)。由于矿区陡峭的地势,在地表没有实施帷幕注浆工程的施工场地,该工程的施工钻机平台均布置在901巷道内(布置钻窝,钻窝尺寸6m×6m×15m),采用《矿山帷幕注浆规范》(DZ/T 0285—2015)中的技术标准,帷幕钻孔间距控制在8~12m,即钻窝间距控制在8~12m,考虑施工钻窝尺寸,无法实现在巷道内密集布置施工钻窝。另外,受矿区构造影响,地层围岩高角度裂隙发育,裂隙发育倾角大多在60°~85°范围内,帷幕注浆施工中采用垂直钻孔,地层裂隙揭露概率低,浆液扩散范围受限,注浆堵水效果难以保证。

鉴于上述现状,开展"鱼刺形"钻孔施工工艺在帷幕注浆中的应用研究,解决深埋矿体和井巷工程等特殊条件下帷幕注浆施工技术难题势在必行。此项施工工艺研究成功后不仅能成为华北有色工程勘察院有限公司扩大帷幕注浆市场占有率的重要支撑,同时,更为重要的是,该项研究以云南彝良毛坪铅锌矿井巷内帷幕注浆试验段施工项目为研究载体,成功与否直接决定着"云南彝良毛坪铅锌矿帷幕注浆工程"能否实施。

本次"鱼刺形"钻孔施工工艺在帷幕注浆工程中以柔性钻杆、导斜器具、特殊钻头应用为主要研究对象,最终实现快速、大角度(30°左右)偏斜钻进且快捷有效测斜等施工工艺的工业

图 5-1 彝良驰宏矿业有限公司毛坪铅锌矿矿区地形

化应用。上述研究工作具有 3 个方面的重要意义：①通过该工艺，能够加大垂向钻孔间距，有效减少钻探工作量，有效降低成本，提高施工质量；②井巷帷幕施工中大幅降低井巷内钻窝工程量，保证巷道自身稳定性，为井巷内施工大型帷幕创造便利条件；③该工艺钻孔偏斜30°左右，能够切穿地层中各种角度的导水裂隙，有效保证浆液的扩散，从而保证帷幕的注浆效果。

经调查研究，目前具有类似用途和性能的技术工艺主要有二氧化碳相变致裂技术、高压水煤层钻割一体化技术、采用螺杆钻具作为主要动力工具的定向钻井技术等。

**1. 二氧化碳相变致裂技术**

二氧化碳相变致裂技术属于爆破类型的一种，但它与炸药爆破的本质区别在于该工艺不采用炸药作为爆破材料。如图5-2所示，该工艺采用液态二氧化碳转换成气态后迅速膨胀的物理特性，在钻孔内装入预先注入液态二氧化碳的爆破管，并将爆破管与低压起爆器连接起爆后，使管内的二氧化碳迅速向外爆发，产生强大推力，达到爆破致裂效果的新工艺。

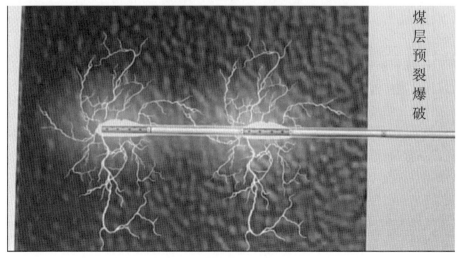

图 5-2 二氧化碳相变致裂示意图

该技术与炸药爆破相比,虽然具有整个爆破过程无火花外露,无污染,无需验炮,操作简便,生产、运输、储存、使用免审批等优点,但也具有制裂效果相对较差、整套工艺成本费用高等缺点,并且帷幕注浆工程中钻孔数量大,该项工艺难以满足大规模应用需求。

### 2. 高压水煤层钻割一体化技术

高压水煤层钻割一体化技术如图 5-3、图 5-4 所示,当钻孔钻进时,清水从钻头的前端喷出冲击地层或岩面,具有碎岩作用,同时起到普通钻进中冲洗液的作用;钻进完成后,退钻过程中调整为压力达 45~100MPa 的高压水,并调整射流方向,在钻孔内自动横向冲割地层,形成与钻孔轴线垂直的缝隙,以此增大地层裂隙与钻孔的连通率,提高地层渗透性,最大限度地增大地层裂隙。该技术经采煤企业应用实践证明,在煤层瓦斯抽放工作中能够有效形成半径 1.5~2.0m 的裂缝区,应用到矿山帷幕注浆领域,仅能扩大孔间距 3~4m,对增加孔间距的目标要求提高不明显;另外,该工艺属于高压液体切割,因此对设备要求高,设备维护成本高,器具寿命较低,因此在经济效益方面没有发展优势。

图 5-3　高压水侧向喷射　　　　　　图 5-4　地表试块割缝试验

### 3. 定向钻井技术

采用螺杆钻具作为井下碎岩工具的动力来源进行定向钻井作业在油气探采领域经过近百年的发展,已经形成系统化的完整工艺技术,其顶角控制、方位角控制等关键技术也随着科技的发展而日趋完善。在油气探采领域形成了定向井、水平井、大位移井、丛式井、分支井、对接井等井眼结构类型的井孔,且对钻孔轨迹实现高精度测量和控制。因此,可以说该技术是一套成熟可靠、测控准确、被各大油田钻井单位和钻探施工单位广泛采用的钻井工艺。

传统螺杆钻具定向钻井技术的测控原理是井下钻柱由下至上分别由钻头＋单弯螺杆＋测斜及定向装置＋钻杆等组成。当进行定向造斜工作时,首先通过测斜仪器确定单弯螺杆的工具面角与需要造斜的方位角一致,再通过冲洗液的循环启动螺杆钻具带动钻头回转碎岩成孔,整个过程单弯螺杆保持预定的方位角不发生转动,通过螺杆的弯曲迫使钻孔轨迹发生弯曲,达到造斜的目的。

该工艺无论在何种结构的钻孔当中应用,其最大造斜强度都为(15°~30°)/30m,换算成钻孔的曲率半径为 57~115m。受矿山帷幕注浆钻探段长限制,造斜曲率不能太大,传统螺杆钻具定向钻进技术在最小造斜曲率半径 57m 时,钻孔仅能偏出 8~10m 范围,远不能满足矿山帷幕注浆对分支孔长度 30~50m 的技术要求,同时全程采用螺杆作为动力驱动钻头钻进,螺杆本身造价高昂、消耗量大、成本较高。

综上所述，以上技术中的大致情况是：

(1)二氧化碳相变致裂技术和高压水煤层钻割一体化技术不能有效提高帷幕注浆单孔影响半径，没有引进或借鉴的意义。

(2)以螺杆钻具作为动力工具的定向钻井技术虽然能够通过将钻孔施工成为分支孔的结构而有效提高帷幕注浆单孔影响半径，但其弯曲钻孔曲率半径过大，效率偏低。

## 5.2 研究内容及方法

由于国内类似的工艺和技术无法解决华北有色工程勘察院有限公司在矿山帷幕注浆施工过程中所面临的问题，因此，必须在传统帷幕注浆技术的基础上，研发采用以柔性钻杆为关键工具的井下组合器具及相关施工工艺，进而施工由垂直方向的主孔和沿帷幕轴线方向两边的分支孔共同构成的"鱼刺形"组合钻孔，如图5-5所示。

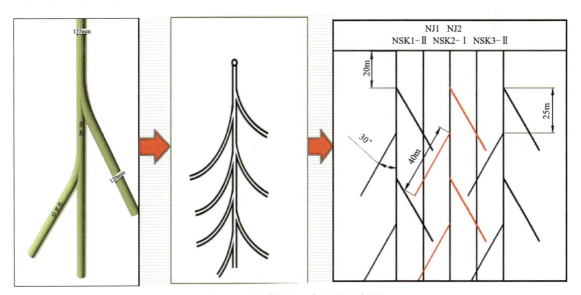

图5-5 "鱼刺形"组合钻孔示意图

通过实施"鱼刺形"组合钻孔，提高钻孔与周围地层高角度裂隙的连通率；通过分支孔偏距的延伸，增大单孔注浆有效影响半径，从而增大相邻主孔之间的距离。大顶角的分支孔在主孔内沿帷幕线方向进行双向、分层布置，相邻主孔之间进行对向施工分支孔，并使其相互交错，在扩大孔口间距的同时，相邻钻孔之间形成网状的帷幕墙，提高帷幕注浆堵水效果。

"鱼刺形"组合钻孔由垂直方向的主孔和分支孔共同构成。主孔作用主要为：①与传统矿山帷幕注浆工程中的垂直钻孔作用一致，作为帷幕注浆的通道，需要自下而上分段注浆；②作为施工分支孔的器具通道，通过主孔的不断延伸，达到不同埋深位置的分支孔造斜点，并从主孔内下入专用工具，开始进行分支孔的钻进和高压注浆施工。结合注浆施工和分支孔施工需求，主孔技术要求如表5-1所示。

表 5-1 主孔设计技术参数

| 设计深度 | 随地层需要 | 开孔直径 | 219mm |
|---|---|---|---|
| 孔口管径 | 195mm | 钻头外径 | 149.2mm |
| 钻孔直径 | 150±1mm | 孔间距离 | ≥30m |
| 注浆段长 | 30～50m | 钻孔偏距 | ≤3m |

分支孔是该"鱼刺形"组合钻孔中除垂直方向的主孔之外的孔段总称。通过该部分钻孔的施工,其主要作用是增加钻孔对地层裂隙的切割概率,在保证注浆效果的同时增大主孔孔距,其主要特点如表 5-2 所示。

表 5-2 分支孔设计技术参数

| 造斜点埋深 | 15～500m | 同方位分支孔造斜点埋深间距 | 随注浆段长 |
|---|---|---|---|
| 分支孔径 | 120mm | 造斜段长 | 3m |
| 分支孔段长 | 40m | 造斜段造斜强度 | 15°/m |
| 稳斜段顶角 | ≥30° | 稳斜段顶角变化 | ±3° |
| 稳斜段方位角 | 与帷幕轴线延伸方向一致 | 稳斜段方位角变化 | ±10° |
| 使用钻头 | PDC 钻头 | 钻头外径 | 120mm |

为能够有效实施"鱼刺形"组合钻孔,需要研发如下工器具。

**1. 柔性钻杆**

柔性钻杆即以 31/2″加厚钻杆为参考,要求其技术参数如表 5-3 所示。

表 5-3 柔性钻杆设计技术参数

| 外径 | ≤110mm | 内径 | 25～30mm |
|---|---|---|---|
| 抗拉强度 | ≥31/2″加厚钻杆 80% | 抗扭强度 | ≥31/2″加厚钻杆 80% |
| 抗内外液压差 | 5MPa | 长径比 | 2～3 |
| 适用钻压 | 约 10t | 曲率半径 | 3～5m |
| 弯曲方向 | 任意方向 | | |

**2. 钻探配套工具**

钻探配套工具主要包括钻头、导斜器、测斜仪等。

钻头是造斜钻进和稳斜钻进效果保证的关键部分,通过前期试验,由于钻头不能实现连续造斜,因此重新设计钻头的结构参数成为本次研发试验的关键点之一。

导斜器的作用包括控制径向孔段的方位角、使柔性钻具实现初始弯曲进而产生连续造斜,因此现有的导斜器不能满足本项目要求,需重新对导斜器各部分参数进行设计。

测斜仪是检测径向钻孔轨迹的管件工具,现有的测斜仪存在长度过大和测量范围过小两个方面的问题,因此本次试验需要特殊结构的测斜仪。

1)本次试验研究方法

(1)查阅文献及"鱼刺形"钻孔空间轨迹理论设计。对相关文献进行查阅,了解有关于柔性钻具的参数,然后对"鱼刺形"钻孔空间轨迹进行理论设计,得到初始"鱼刺形"钻孔轨迹图。

(2)考察交流和室内设计。对柔性钻具的研发,与多家石油机械、径向钻井、地质勘探、油田钻井、其他工程机械厂家考察交流,确定合作方式后进行室内设计和理论完善。

(3)室内试验。对研发的柔性钻具进行强度试验,并根据设计柔性钻具参数,进行"鱼刺形"钻孔模拟。

(4)现场试验。利用现有施工场地,将该套设备用于专门施工的特殊结构井内进行"鱼刺形"钻孔试验,完善各项设备参数,形成一套完整的"鱼刺形"钻孔施工工艺,为后期帷幕注浆提供理论依据。

2)本次试验研究技术路线的3个步骤

(1)考察交流。结合本次研究的最终目标和考察交流成果,在理论上提出"鱼刺形"钻孔施工技术的可行性方案,并完成柔性钻杆、相关工具的设计工作,形成《"鱼刺形"钻孔施工工法》企业技术标准。

(2)室内试验。室内试验主要分为柔性钻具强度试验和"鱼刺形"钻孔的可行性试验。强度试验是检测本次研发的关键工具——柔性钻杆的各项指标能否达到设计要求;可行性试验是在室内检测该柔性钻杆和相关工具配合后能否实现"鱼刺形"钻孔的成孔,并对检测实施工程中可能出现的问题加以改进。

(3)现场试验。试验中需要对不同的动力源与各类型柔性钻杆、导斜器及钻头进行相互组合,并摸索其中的造斜、稳斜等方面的规律;检测该套设备所成的"鱼刺形"钻孔的各项指标是否符合设计要求,如不符合要求则继续进行改进。

## 5.3 试验过程

### 5.3.1 试验步骤

试验过程各阶段试验流程如图5-6所示。

"鱼刺形"钻孔施工工艺研究,主要分为准备阶段、第一次单孔试验阶段、第二次单孔试验阶段及第三次现场生产试验阶段。

准备阶段主要工作为该工艺类似技术调研,柔性钻杆联合加工试制及施工钻机进场等工作。

为了确保试验研究工作的顺利实施,第一阶段、第二阶段试验选择中关铁矿为试验场地,专门选择了两口试验主孔实施分支试验。其中第一阶段的试验在1号试验孔中实施,共实施了7个分支孔。

第三阶段试验作为生产性试验安排在云南彝良驰宏毛坪铅锌矿,毛坪矿区地层主要为白云岩,较中关铁矿有所差异。前期使用过程中发现螺杆钻具驱动泵压高、钻进效率低,尤其在钻进到30m之后,钻进效率仅有0.27m/h,且在高泵压下长期工作,螺杆钻具使用寿命大大

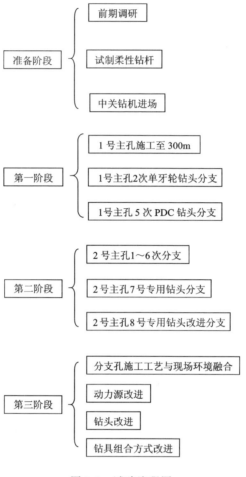

图 5-6 试验流程图

降低。在此背景下,研究采用钻机转盘驱动柔性钻杆进行钻进。由于中关试验所用钻头钻进效率较低,因此对钻头进行了改进,最终采用了钻进效率较高的复合片钻头。自分支孔施工以来,由于对其施工工艺认识由浅到深,因此在遇到施工问题时能够从容应对,在原有钻具组合形式基础上演变为多种钻具组合形式。

## 5.3.2 中关现场试验

在中关试验场地分两个阶段共计实施 2 个主孔试验和 15 个分支试验孔。最终试验结果基本达到预期,分支孔 3m 造斜段顶角达到 30°以上,24m 分支孔保斜段保斜角度基本维持在 30°以上。

第一阶段主要在 1 号主孔中进行了 7 次试验,1 号主孔 1 号、2 号分支孔采用了单牙轮钻头,试验表明单牙轮钻头偏斜效果较差,3~5 号分支孔分别进行了不同钻头和钻杆组合的有关试验。

在第一阶段的试验的基础上,在 2 号主孔中进行了 8 次试验,2 号主孔中的 8 次试验改变了1号直孔试验时的动力模式,采用了螺杆钻具动力的驱动方式,开展了导向套、造斜钻头、保斜钻头等有关试验。

#### 5.3.2.1 第一阶段(一)

**1. 1号主孔施工**

中关铁矿1号主孔试验孔以直径215mm口径开孔,钻孔深度75.34m,下放190mm口径套管护壁,孔深钻达291.74m后洗孔起钻,等待进行相关试验。

**2. 导斜器安放试验**

根据分支钻孔施工工艺的理解,认为实施分支孔需要在预定位置安放导斜器,需要靠导斜器预设角度来使分支钻杆偏离主孔。所以分支孔实施第一步即是偏离主孔,因此,该阶段导斜器是关键工器具。

选取孔深120~130m、279~284m和190~200m 3个孔段进行导斜器安放试验。在120~130m孔段共计操作5次,其中4次安放成功;在279~284m安放5次均不成功;在190~200m安放导斜器,在孔深83m、121.5m、122m、128.5m、147m、167.8m、177.5m每个位置各操作两次,导斜器均能够按照操作要求进行重开和卡紧,最后将导斜器座封于191.61m位置,连续试验4次,涨瓦均能可靠卡固于井壁,符合试验要求。

**3. 1号钻孔1号分支孔(石探柔性钻杆+单牙轮钻头分支试验)**

石探柔性钻杆+单牙轮钻头的钻具组合进行径向钻进试验,初次试验共持续3h 20min,总进尺2.55m。

考虑到缩短观察间隔时间可以掌握钻具发生破坏的具体过程、同时进尺过程中多次憋车和进尺速度不均匀等情况,在进尺2.55m后决定起钻检查钻具。起钻后发现柔性钻杆破坏严重,无法继续下井进行试验,不能钻进成井,对所成部分钻孔测斜已无必要,因此该套组合钻具井下试验完成,进行导斜器回收工作。

**4. 1号钻孔2号分支孔(中荣柔性钻杆+单牙轮钻头分支试验)**

中荣研发柔性钻杆+单牙轮钻头的钻具组合进行钻进试验,井下钻进平稳,无憋车现象,进尺缓慢但较匀速;同样为了准确掌握各工器具的破坏和磨损过程,且从多提钻观察,防止井下事故发生的角度出发,在进尺2.40m后起钻。起钻后发现钻杆情况良好,磨损细微,无反扣情况;而后继续试验钻进至4.55m,再次钻进用时11h后起钻。起钻后发现柔性钻杆的36节抗拉锁母中,其中5节出现反扣现象,部分反扣达4扣。鉴于该柔性钻杆再次入井钻进有掉落井内的事故隐患,因此钻进试验终止,进行分支孔测斜和后续的导斜器回收工作。

#### 5.3.2.2 第一阶段(二)

该阶段试验共计施工分支钻孔5个,按施工顺序分别编号3~7号分支孔,该阶段试验使用器具在第一阶段试验结果上对钻头进行了如下改进:采用复合片钻头替代单牙轮钻头;选用钻头冠状部分稍平和稍凸两种型号进行对比试验;选用冠状部分保径高度分别为45mm和25mm两种型号的钻头进行对比试验;控制钻头整体长度小于或等于300mm。

通过第一阶段(一)的试验,认为该阶段设计生产的柔性钻杆从结构上具有巨大缺陷,不适宜用于本次"鱼刺形"钻孔施工工艺中的应用,不予采用。联合石油机械厂家设计生产的柔性钻杆虽发生抗拉锁母反扣的情况,但钻杆扭矩传递可靠,强度达标,整体性能优于联合地勘机械厂家设计生产的柔性钻杆,针对前述抗拉锁母反扣的情况,进行了如下改进:优化钻井参数,防止钻具在井下处于打滑不进尺状态,从而诱发锁母反扣;对锁母安装时提高丝扣清洁度,并涂金属锁固胶;将锁母与主动壳体部分之间的丝扣接缝添加坡口后用低温高强焊进行焊接处理。

基于1号钻孔1号、2号分支孔的试验结果,对钻探进行了改进,确定了柔性钻杆的生产厂家和初步的结构类型。在此基础上,在1号钻孔中进行了3~7号分支孔试验。

**1. 1号钻孔3号分支孔**

采用PDC钻头(总长240mm,保径45mm)+柔性钻杆(单节长200mm)+半径导斜器(曲率半径5m)的钻具组合进行试验,造斜分支点埋深为193.35m,分支孔深度为2.6m。

该分支孔在进尺深度2.6m以后按试验要求提钻检查钻具完整性,确定其破坏情况时发生卡钻,经回转上提后解卡,但再次下放钻具时钻具下入深度超过了195.95m,据此判断该分支孔施工中导斜器松动掉落,钻具无法回到分支孔内。

根据试验结果分析原因认为:主孔施工完成后需根据测井记录,选取孔壁围岩硬度大、完整性好的孔段作为分支造斜点;柔性钻杆单节长度与小径长度共同作用下的上提钻具会对导斜器的卡固产生影响,因此应寻找合适的柔性钻杆单节长度与小径长度值;导斜器回收管下端呈平面,容易被上提的钻杆挂动。

**2. 1号钻孔4号分支孔**

根据3号分支孔试验结果,对导斜器回收管下端进行了斜切处理改进,以防止导斜器被上提的柔性钻杆短节台阶挂动,试验继续采用PDC钻头(总长240mm,保径45mm)+柔性钻杆(单节长200mm)+导斜器的钻具(曲率半径5m)组合进行施工,造斜分支点埋深为154.78m,分支孔深度为14.5m。

根据该孔测斜结果显示:分支孔方位变化过大,超出设计许可范围,且不稳定,呈来回摆动状态;分支孔顶角最高达18°,但没有达到设计要求的30°~50°;柔性钻杆单节长度有待优化,每节柔性钻杆外表粗细长度组合有待优化。

**3. 1号钻孔5号分支孔**

根据3号、4号分支孔试验,采用的柔性钻杆型号为单节长度200mm,需要采用其他型号的柔性钻杆进行试验对比,因此本次分支孔采用PDC钻头(总长240mm,保径45mm)+柔性钻杆(单节长140mm)+导斜器的钻具(曲率半径5m)组合进行施工,造斜分支点埋深为146.5m,分支孔深度为4.2m。

根据该孔测斜结果认为:柔性钻杆型号(单节长度)对分支孔的造斜效果有影响,通过4号分支孔与5号分支孔的对比可见单节长度为140mm的柔性钻杆组成的钻具组合造斜顶角小于单节长度为200mm的柔性钻杆组成的钻具组合造斜顶角,是否有其他更广泛的影响需要试验验证,比如继续加长柔性钻杆单节长度能否进一步提高造斜顶角。

**4. 1号钻孔6号分支孔**

已实施的试验均存在分支孔顶角达不到设计预期目标的问题,为了使分支孔顶角逐渐增大至试验预期目标,从影响顶角上升的几个因素加以改进,本次分支孔试验采用了缩短造斜钻头的方式进行试验验证。本次分支孔采用 PDC 钻头(总长 150mm,保径 30mm)+柔性钻杆(单节长 140mm)+导斜器的钻具(曲率半径 5m)组合进行施工,造斜分支点埋深为 136.37m,分支孔深度为 4.2m。

根据该孔试验施工过程及测斜结果:

(1)钻头总长度是影响造斜效果的重要因素,但钻头长度与造斜效果的相互关系需要进一步试验确定。

(2)钻头冠状部分外形结构对能否造斜及造斜效果影响较大,如冠状部分外形结构不合理,不但不能造斜,还可能对井下工具产生破坏。

(3)钻头冠状部分的外形结构也是影响造斜效果的重要因素,外形结构与造斜效果的相互影响关系需要进一步试验确定。

**5. 1 号钻孔 7 号分支孔**

7 号分支孔施工试验表明:本阶段通过已改进的钻头与钻杆相互组合试验,分支孔顶角没达到试验预期目标,器具造斜效果不好;除在形成钻孔的钻头与钻杆上进行改进外,能否从导斜器上通过增大角度直接达到顶角增大的目的需要进行试验验证,因此本次采用 PDC 钻头(总长 240mm,保径 45mm)+柔性钻杆(单节长 200mm)+导斜器的钻具(曲率半径 3m)组合进行施工,造斜分支点埋深为 142.36m,分支孔深度为 9.2m。

根据该孔试验施工后测斜结果及对器具外观检查:

(1)分支孔顶角在孔深 0~2m 范围内逐渐上升到 22°,但孔深超过 2m 以后趋于稳定,而不是试验预期要求的上升至 30°~50°后趋于稳定。

(2)导斜槽曲率半径与柔性钻杆曲率半径不配套时可能产生相互破坏作用,破坏机理需要进一步试验确定。

#### 5.3.2.3 第二阶段

**1. 2 号钻孔 1 号分支孔**

2 号主孔 1 号分支孔为井底无导斜器造斜分支钻孔,其设计参数及计划使用工具见表 5-4。

表 5-4 2 号主孔 1 号分支孔设计参数及计划使用工具

| 分支孔名称 | 2 号主孔 1 号分支孔 | 造斜点埋深 | 122.68m |
|---|---|---|---|
| 分支孔深度 | 30.00m | 造斜段长 | 3.00m |
| 斜孔钻进段长 | 27.00m | 目标顶角度数 | 45° |
| 定向方位角 | 185°~190° | 主孔孔径 | 150mm |
| 分支孔径 | 120mm | 钻具驱动方式 | 螺杆驱动 |
| 钻进段工具 | 螺杆钻具+球杆加长无台阶柔性钻杆+球杆加长有台阶柔性钻杆+球座加长柔性钻杆 | 造斜段工具 | 螺杆钻具+导向套+套内柔性钻杆 |
| 造斜钻头 | 中荣提供配套 PDC 钻头 | 钻进钻头 | 中荣提供配套 PDC 钻头 |

该钻孔造斜段采用螺杆钻具＋导向套＋套内柔性钻杆为主要工具,分支孔保斜段钻进采用螺杆作为钻具回转的动力来源和转盘作为井下器具的动力源两种方式。

造斜段由于采用井底造斜,因此没有使用导斜器中间架桥,根据测斜结果,2.5m 的造斜段造斜角度已达 35°,已经能够满足生产需要,因此决定放弃继续造斜。

采用螺杆作为钻具回转的动力来源,设计单个分支钻孔深度为 30m,考虑到本次分支孔为试验性质钻孔,因此并没有一次性下入 30m 柔性钻柱,而是结合现场情况选择了第三批次加工的带扶正环和加长杆的柔性钻杆＋第二批次球头加长型柔性钻杆共计 18m 柔性钻柱连接到螺杆下端下入井内钻进,但进尺效率较低,且泥浆泵负荷过大,超出额定负荷长时间运转后导致泥浆泵损坏。采用转盘作为井下器具的动力源驱动柔性钻柱继续延伸主孔钻进,井下柔性钻柱采用逐渐加长的方法进行增加,第一次增加 3m 左右,第二次增加 4m 左右,第三次增加 5m 左右,该段施工中由于采用泥浆作为冲洗介质,井内出砂和岩屑沉淀均被有效控制,每次上提下放钻具均顺畅,但进尺速度却随着分支孔深度的增加而逐渐降低,至分支孔深度 12.90m 时出现时长约为 1min 的完全不进尺状态,遂决定起钻检查。

起钻后显示第一批定做的柔性钻杆其中一节球杆锁丝完全退扣,导致柔性钻杆断开残留于分支孔内,井下剩余柔性钻柱 10.13m,遂采用 108mm 地质套管切割出一个捞筒焊接于从井内取出的事故断头上,下入井内捞取残留钻具。第一次下入捞筒捞出柔性钻杆两节,除已经断开的短节之外,另有两节锁丝已经松动退扣,但没有断开;遂判断可能井下残留柔性钻柱已经断开成多节。第二次和第三次均没有捞取出任何柔性短节;根据捞筒上残留痕迹重新做一个捞筒更换至事故断头上下入井下第四次捞取,将井下残留柔性钻柱全部捞出井外,第四次捞出的柔性钻柱上除断开的柔性短节外另有一节锁丝已经松动退扣,但没有断开。至此本次断钻事故处理完毕。

分支孔其测斜结果统计见表 5-5。

**表 5-5　2 号主孔 1 号分支孔测斜记录**

| 测点分支孔深(m) | 设计顶角(°) | 实测顶角(°) | 设计方位角(°) | 实测方位角(°) |
| --- | --- | --- | --- | --- |
| 1.00 | 15 | 12 | 185～190 | 202 |
| 1.80 | 27 | 25 | 185～190 | 194 |
| 2.50 | 36 | 35 | 185～190 | 190 |
| 4.50 | 36 | 33 | 185～190 | 198 |
| 6.50 | 36 | 36 | 185～190 | 190 |
| 9.60 | 36 | 34 | 185～190 | 188 |
| 12.50 | 36 | 36 | 185～190 | 196 |

**2. 2 号钻孔 2 号分支孔**

2 号主孔 2 号分支孔为井底无导斜器造斜分支钻孔,其设计参数及计划使用工具如表 5-6 所示。

表 5-6　2 号主孔 2 号分支孔设计参数及计划使用工具

| 分支孔名称 | 2 号主孔 2 号分支孔 | 造斜点埋深 | 131.91m |
|---|---|---|---|
| 分支孔深度 | 25.00～30.00m | 造斜段长 | 3.00m |
| 斜孔钻进段长 | 27.00m | 目标顶角度数 | 45° |
| 定向方位角 | 10°～20° | 主孔孔径 | 130mm |
| 分支孔径 | 120mm | 钻具驱动方式 | 螺杆驱动 |
| 钻进段工具 | 螺杆钻具＋带扶正环柔性钻杆,继续延伸＋球杆加长无台阶柔性钻杆 | 造斜段工具 | 螺杆钻具＋导向套＋套内柔性钻杆 |
| 造斜钻头 | 中荣提供配套 PDC 钻头 | 钻进钻头 | 中荣提供配套 PDC 钻头 |

该分支孔造斜段与 2 号主孔 1 号分支孔一致,采用螺杆钻具＋导向套＋套内柔性钻杆为主要工具,属于井底造斜,因此不使用导斜器。更换泥浆泵后泵压和流量均满足要求,因此该段在钻进过程中较为平稳。

保斜段仍然采用螺杆作为钻具(不通过三通阀门分水)回转的动力来源,使用钻杆为第三批制造的带扶正环和加长杆型的柔性钻杆,钻头采用原总长 24cm,保直段长 45mm 的 PDC 钻头。该段在施工中憋车严重,泵压远高于正常状态,且在回转中甚至出现螺杆被憋住不能回转的情况。由于分支孔钻进效果不理想,决定先对已成孔段进行测斜,测斜结果认为相邻 1m 的两个测点上方位角变化太大,且顶角完全没有达到预期目标,因此该分支孔不能满足试验需求。基于上述情况,再次试验中,通过进一步减小泵流量,来达到降低螺杆回转速度的目的,改进后施工进尺效率仅能达到 0.40m/h,依然距离理想进尺效率较远,因此认为该型柔性钻杆与该型螺杆配合后不适合分支孔钻进。

其测斜结果统计如表 5-7 所示。

表 5-7　2 号主孔 2 号分支孔测斜记录

| 测点分支孔深(m) | 设计顶角(°) | 实测顶角(°) | 设计方位角(°) | 实测方位角(°) | 表号 |
|---|---|---|---|---|---|
| 1.00 | 15 | 3 | 10～20 | 37 | 464 |
| 2.00 | 27 | 16 | 10～20 | 54 | 463 |
| 3.00 | 45 | 岩屑过多,无法测量 | 10～20 | 岩屑过多,无法测量 | |

### 3. 2 号钻孔 3 号分支孔

2 号主孔 3 号分支孔为井底无导斜器造斜分支钻孔,其设计参数及计划使用工具如表 5-8 所示。

表 5-8　2 号主孔 3 号分支孔设计参数及计划使用工具

| 分支孔名称 | 2 号主孔 3 号分支孔 | 造斜点埋深 | 138.3m |
|---|---|---|---|
| 分支孔深度 | 25.00～30.00m | 造斜段长 | 3.50m |
| 斜孔钻进段长 | 21.50～26.50m | 目标顶角度数 | ≥45° |

续表 5-8

| 定向方位角 | 185°～190° | 主孔孔径 | 130mm |
|---|---|---|---|
| 分支孔径 | 120mm | 钻具驱动方式 | 螺杆驱动 |
| 钻进段工具 | 螺杆钻具＋球杆加长无台阶柔性钻杆 | 造斜段工具 | 螺杆钻具＋导向套＋套内柔性钻杆 |
| 造斜钻头 | 中荣提供配套 PDC 钻头 | 钻进钻头 | 中荣提供配套 PDC 钻头 |

该造斜段施工与 2 号主孔 1 号分支孔一致,采用螺杆钻具＋导向套＋套内柔性钻杆为主要工具,属于井底造斜,因此不使用导斜器。采用参数为钻压 1200kg 压力,泵量 7L/s,泵压 2.5MPa,钻探深度 3.67m。

由于钻进之前的探孔发现孔底沉渣过多,且井内出砂速度较快,认为孔内可能出现坍塌,为了防止冲洗液继续冲散地层中的黄泥及井内岩屑沉积卡埋钻具,采用了泥浆护壁和灌注水泥浆两项技术措施。

保斜段钻进采用螺杆作为钻具回转的动力来源,使用钻杆为第二批制造的球杆加长无台阶柔性钻杆,钻头采用原总长 24cm、保直段长 45mm 的 PDC 钻头。使用参数为钻压 1200～1500kg 压力,泵压 3.5MPa,流量 7L/s,该段钻进总体较为平稳,效率达到 2m/h,开钻之前测沉渣基本无沉渣,上提无阻卡。第一次加长钻杆数量为 3m,钻进完成后分支孔深达 6.70m。

其测斜结果统计如表 5-9 所示。

表 5-9　2 号主孔 3 号分支孔测斜记录

| 测点分支孔深(m) | 设计顶角(°) | 实测顶角(°) | 设计方位角(°) | 实测方位角(°) | 表号 |
|---|---|---|---|---|---|
| 1.00 | 15 | 8 | 180～190 | 212 | 463 |
| 2.00 | 27 | 11 | 180～190 | 209 | 464 |
| 3.00 | 45 | 18 | 180～190 | 205 | 463 |
| 4.00 | 54 | 18 | 180～190 | 205 | 464 |
| 6.00 | 54 | 岩屑过多 | 180～190 | 无法测量 | |

**4. 2 号钻孔 4 号分支孔**

2 号主孔 4 号分支孔为井底无导斜器造斜分支钻孔,其设计参数及计划使用工具如表 5-10 所示。

表 5-10　2 号主孔 4 号分支孔设计参数及计划使用工具

| 分支孔名称 | 2 号主孔 4 号分支孔 | 造斜点埋深 | 140.40m |
|---|---|---|---|
| 分支孔深度 | 25.00～30.00m | 造斜段长 | 3.20m |
| 斜孔钻进段长 | 21.50～26.50m | 目标顶角度数 | ≥45° |
| 定向方位角 | 10°～20° | 主孔孔径 | 149.2mm |

续表 5-10

| 分支孔径 | 120mm | 钻具驱动方式 | 螺杆驱动 |
|---|---|---|---|
| 钻进段工具 | 螺杆钻具＋球杆加长无台阶柔性钻杆 | 造斜段工具 | 螺杆钻具＋导向套＋套内柔性钻杆 |
| 造斜钻头 | 中荣提供配套 PDC 钻头 | 钻进钻头 | 中荣提供配套 PDC 钻头 |

该分支孔造斜段段施工与 2 号主孔 1 号分支孔一致，采用螺杆钻具＋导向套＋套内柔性钻杆为主要工具，属于井底造斜，因此不使用导斜器。采用参数为钻压 1500kg 压力，泵量 7L/s，泵压 2.5MPa。整段钻进平稳，上提等操作中无阻卡，钻探长度 3.2m。

保斜段钻进采用螺杆作为钻具回转的动力来源，使用钻杆为第二批制造的球杆加长无台阶柔性钻杆，钻头采用原总长 24cm、保直段长 45mm 的 PDC 钻头。使用参数为钻压 1200kg 压力，泵压 3.5MPa，流量 7L/s，钻柱下端柔性部分长 7.05m，该段钻进总体较为平稳，但进尺速度随着孔深增加而有所降低；开钻之前测量基本无沉渣，上提无阻卡。分支孔钻进深度 6.40m 以后起钻下入测斜仪自下而上测斜检查分支孔造斜效果。由于分支孔顶角达不到预期目标，继续钻进已无意义，因此放弃继续钻进。

其测斜结果统计如表 5-11 所示。

表 5-11 2 号主孔 4 号分支孔测斜记录

| 测点分支孔深(m) | 设计顶角(°) | 实测顶角(°) | 设计方位角(°) | 实测方位角(°) | 表号 |
|---|---|---|---|---|---|
| 1.00 | 15 | 无 | 10~20 | 无 | 无 |
| 2.00 | 27 | 8 | 10~20 | 190 | 463 |
| 3.00 | 45 | 15 | 10~20 | 187 | 464 |
| 4.00 | 48 | 18 | 10~20 | 180 | 463 |
| 6.00 | 48 | 14 | 10~20 | 170 | 464 |

## 5. 2 号钻孔 5 号分支孔

2 号主孔 5 号分支孔为井底无导斜器造斜分支钻孔。第一次计划造斜点埋深为 142.00m，但造斜钻柱合上立轴往下划眼的过程中，造斜钻柱柔性部分重新进入了 4 号分支孔，导致导向套与螺杆钻具连接的第一节处断开，因此在该垂直孔段埋深点没有发生分支造斜。新开 5 号分支孔设计参数及计划使用工具如表 5-12 所示。

表 5-12 2 号主孔 5 号分支孔设计参数及计划使用工具

| 分支孔名称 | 2 号主孔 5 号分支孔 | 造斜点埋深 | 143.81m |
|---|---|---|---|
| 分支孔深度 | 25.00m | 造斜段长 | 3.20m |
| 斜孔钻进段长 | 21.80m | 目标顶角度数 | ≥45° |
| 定向方位角 | 190°~200° | 主孔孔径 | 149.2mm |
| 分支孔径 | 120mm | 钻具驱动方式 | 螺杆驱动 |

续表 5-12

| 钻进段工具 | 螺杆钻具＋球杆加长无台阶柔性钻杆，随后钻进则依次增加球座加长型柔性钻杆、第一批次试制普通柔性钻杆 | 造斜段工具 | 螺杆钻具＋导向套＋套内柔性钻杆 |
|---|---|---|---|
| 造斜钻头 | 中荣提供配套 PDC 钻头 | 钻进钻头 | 华北有色工程勘察院有限公司试制总长 240mmPDC 钻头 |

该分支孔造斜钻进泵送流量 7L/s、施加钻压 1.2t 压力、泵压显示 3MPa，进尺平稳，速度较为理想，完成造斜钻进后上提无卡钻现象。

该分支孔保斜段段施工主要目的有以下几个：

(1) 检验各种柔性钻杆的质量，包括各种柔性钻杆是否能够承受住 20m 以上的分支孔钻进的需要，是否存在锁母反扣，强度是否达标等。

(2) 检验各种柔性钻杆与钻进钻头组合后的进尺效率，摸索各种钻进参数下的进尺情况，掌握各种柔性钻柱的回转阻力情况等，为生产施工提供可用的钻进参考参数。

(3) 检验该型螺杆钻具在分支孔深度增大、井下柔性钻杆过多后是否还能顺利回转并带动钻柱钻进，整体钻进效率如何等问题。

基于以上目的，首先进行的是分支孔 3.20～6.40m 钻进，然后在孔深 6.40～9.71m 钻进时，柔性钻杆更换为球座加长型，通过钻进结果统计可知，进尺效率无明显差异，两种钻杆在使用后均未发现明显破坏及发扣的情况。

其测斜结果统计如表 5-13 所示。

表 5-13 2 号主孔 5 号分支孔测斜记录

| 测点分支孔深(m) | 设计顶角(°) | 实测顶角(°) | 设计方位角(°) | 实测方位角(°) |
|---|---|---|---|---|
| 1.00 | 15 | 4 | 190～200 | 229 |
| 2.00 | 27 | 19 | 190～200 | 232 |
| 3.00 | 45 | 30 | 190～200 | 227 |
| 4.00 | 48 | 36 | 190～200 | 197 |
| 6.00 | 48 | 34 | 190～200 | 196 |
| 8.00 | 48 | 31 | 190～200 | 227 |
| 12.00 | 48 | 32 | 190～200 | 227 |
| 16.00 | 48 | 31 | 190～200 | 230 |
| 20.00 | 48 | 31 | 190～200 | 233 |
| 24.00 | 48 | 31 | 190～200 | 239 |

### 6. 2 号钻孔 6 号分支孔

2 号主孔 6 号分支孔为导斜器架桥造斜分支钻孔。造斜点埋深为 134.50～136.50m，此时导斜器卡瓦位于 136～138m，选用导斜器的导斜槽曲率半径为 4m，与导向套及柔性钻杆能够产生的曲率半径一致。该分支孔设计参数及计划使用工具如表 5-14 所示。

**表 5-14　2 号主孔 6 号分支孔设计参数及计划使用工具**

| 分支孔名称 | 2 号主孔 6 号分支孔 | 造斜点埋深 | 134.50~136.50m |
|---|---|---|---|
| 分支孔深度 | 25.00m | 造斜段长 | 3.00m |
| 斜孔钻进段长 | 21.80m | 目标顶角度数 | 45° |
| 定向方位角 | 10°~20° | 主孔孔径 | 149.2mm |
| 分支孔径 | 120mm | 钻具驱动方式 | 螺杆驱动 |
| 钻进段工具 | 螺杆钻具+球杆加长无台阶柔性钻杆,随后钻进则依次增加球座加长型柔性钻杆、第一批次试制普通柔性钻杆 | 造斜段工具 | 螺杆钻具+导向套+套内柔性钻杆+导斜器 |
| 造斜钻头 | 中荣提供配套 PDC 钻头 | 钻进钻头 | 华北有色工程勘察院有限公司试制总长 240mmPDC 钻头 |
| 导斜器曲率半径 | 4.00m | 卡瓦埋深位置 | 136~138m |

1)定向工作

该次分支孔试验为通过导斜器悬空架桥进行分支孔钻进试验,选择导斜器卡瓦位于 136~138m 位置的依据如下:

(1)尽量避开原分支孔造斜点在主孔埋深和方位定向上的影响及干扰是选择造斜点的基本原则。

(2)主孔埋深 143.81m、140.40m、138.30m 位置上均有分支孔开始造斜点,且埋深相差较小,可能会对导斜器的坐封架桥和造斜形成影响。

(3)孔壁稳定、完整,136~138m 位置地层已经经过取芯验证。

导斜器下放至 137.42m 后进行测斜定向,定向完成后取出测斜仪再进行导斜器坐封架桥动作,将卡瓦卡于 136.60m,此时造斜点位于 135.10m,符合下步工序要求。

再次下入测斜仪验证导斜器经过坐封架桥动作后方位变化是否超出允许范围,经测向验证坐封前与坐封后方位角度相差 2.5°,符合下步工序要求。

进行丢手短节正旋退扣,将丢手短节起钻取出井外,更换为导向套的造斜钻进下入井内探孔验证导斜器安放深度是否符合要求,是否发生上下移动等,经探孔计算上余 4.89m,探孔上余 5.00m,基本符合要求。因此,开始造斜钻具定向工作,造斜钻具的定向要求必须与第二次陀螺测斜仪下井测得的导斜器方位角一致,误差允许范围为±3°。至此分支孔施工前的动向工作告一段落。

2)造斜钻进

本次分支孔造斜钻进工作耗时 1h 35min,进尺量 0.80m,钻进过程中体现出以下特点:

(1)加不上钻压,钻压仅为 0.2t 压力,几乎不能显示,钻压稍微过大即显示出憋泵现象,泵压由 2MPa 蹿升至 6MPa。

(2)憋泵次数较多,由于钻压过小,极难掌握,因此常出现憋泵现象,且不随进尺的增加而减少憋泵频率。

(3)反车严重,立轴敲打转盘严重,预计由于井下回转阻力较大,且螺杆与立轴之间的钻杆存在弹性因素影响,使立轴径向回转敲打转盘现象严重。

经试验,以上钻进参数勉强能维持钻进,至进尺达到 0.80m 时,泵压突然升高,根据卡钻现象解决处理:上提钻具 0.1m 后再恢复钻进;但上提呈现卡钻现象,上提力超过 5.6t 压力,且扭矩 150N/m 时不能回转钻具,经上提 5.6t,下放 1.2t 压力,上下活动约 1h 20min 后解卡,随后起钻发现导向套在自下至上 17 节处完全断裂,PDC 钻头出刃尖端几乎全部碎裂,导向套除断裂处以外另有 3 处挡片开焊。

### 7.2 号钻孔 7 号分支孔

2 号主孔 7 号分支孔为井底无导斜器造斜分支钻孔,是该导向套造斜钻具在更换为华北有色工程勘察院有限公司自主设计的造斜专用 PDC 钻头后第一次孔内造斜试验,其设计参数及计划使用工具如表 5-15 所示。

表 5-15　2 号主孔 7 号分支孔设计参数及计划使用工具

| 分支孔名称 | 2 号主孔 7 号分支孔 | 造斜点埋深 | 147.00m |
|---|---|---|---|
| 分支孔深度 | 25.00m | 造斜段长 | 3.20m |
| 斜孔钻进段长 | 21.80m | 目标顶角度数 | ≥45° |
| 定向方位角 | 10°～20° | 主孔孔径 | 149.2mm |
| 分支孔径 | 120mm | 钻具驱动方式 | 螺杆驱动 |
| 钻进段工具 | 螺杆钻具＋球杆加长无台阶柔性钻杆,随后钻进则依次增加球座加长型柔性钻杆、第一批次试制普通柔性钻杆 | 造斜段工具 | 螺杆钻具＋导向套＋套内柔性钻杆＋配套 PDC 钻头 |
| 造斜钻头 | 中荣提供配套 PDC 钻头 | 钻进钻头 | 华北有色工程勘察院有限公司试制总长 240mmPDC 钻头 |

该分支孔造斜段钻进采用参数为钻压 1.5～2.0t 压力,泵量 6.5L/min,泵压 2MPa,总体进尺平稳,无憋泵,无反车。该段钻进为更换华北有色工程勘察院有限公司自主研发的造斜专用钻头后第一次造斜钻进,进尺速度降低至原钻头的 1/2～1/3,但回转平稳、进尺稳定、无憋车、震动小,造斜完成后未发现任何一处导向套挡片开焊的情况,造斜效果经测斜验证与理论设计完全一致,达到 15°/m。

该分支孔保斜段钻进总体要求是:

(1)延长柔性钻杆超过分支孔深的长度,验证加长柔性钻杆后的钻进效率是否受影响,螺杆钻具施工能力是否满足生产需要等问题。

(2)再次验证分支孔稳斜段延伸钻进时的顶角及方位角控制稳定性问题。

(3)连续进尺时间超过 3h 需提钻检查钻柱情况,确保井下钻柱安全。

(4)进尺速度小于 0.3m/h,连续进尺 1h 需提钻检查钻柱情况,确保井下钻柱安全。

该段钻进至分支孔深 6.53m 后起钻对分支孔 6.00m、4.00m 位置分别测斜,测得分支孔顶角分别为 40°、43°，符合工程施工对分支孔角度的要求，因此决定继续钻进。在钻进中总体表现是进尺缓慢，部分孔段憋车严重，憋泵严重，加不上钻压，稍加钻机即出现憋泵现象。至分支孔深 24.05m 时，进尺效率仅为 0.2m/h，因此决定起钻，起钻后发现柔性钻杆最下端与钻头连接的第一节柔性钻杆（型号为第二批加工球杆加长无台阶型柔性钻杆）锁母退扣 1cm，即将掉落井内。

其测斜结果统计如表 5-16 所示。

表 5-16　2 号主孔 7 号分支孔测斜记录

| 测点分支孔深(m) | 设计顶角(°) | 实测顶角(°) | 设计方位角(°) | 实测方位角(°) | 表号 |
| --- | --- | --- | --- | --- | --- |
| 1.00 | 15 | 4 | 10～20 | 246 | 463 |
| 2.00 | 27 | 19 | 10～20 | 231 | 464 |
| 3.00 | 45 | 30、26 | 10～20 | 232、311 | 463、464 |
| 4.00 | 48 | 43 | 10～20 | 225 | 463 |
| 6.00 | 48 | 40、39、45 | 10～20 | 243、226、233 | 464、463、464 |
| 8.00 | 48 | 42 | 10～20 | 255 | 463 |
| 12.00 | 48 | 43 | 10～20 | 268 | 464 |
| 14.00 | 48 | 43 | 10～20 | 283 | 464 |
| 15.00 | 48 | 32 | 10～20 | 270 | |
| 16.00 | 48 | 27 | 10～20 | 296 | 464 |
| 20.00 | 48 | 21 | 10～20 | 315 | 463 |
| 24.00 | 48 | 21、22 | 10～20 | 333、337 | 463、464 |

### 8. 2 号钻孔 8 号分支孔

2 号主孔 8 号分支孔为井底无导斜器造斜分支钻孔，是该导向套造斜钻具在更换为华北有色工程勘察院有限公司自主设计的造斜专用 PDC 钻头后第二次孔内造斜试验，其设计参数及计划使用工具如表 5-17 所示。

表 5-17　2 号主孔 8 号分支孔设计参数及计划使用工具

| 分支孔名称 | 2 号主孔 8 号分支孔 | 造斜点埋深 | 151.53m |
| --- | --- | --- | --- |
| 分支孔深度 | 25.00m | 造斜段长 | 2.6m |
| 斜孔钻进段长 | 22.40m | 目标顶角度数 | 39° |
| 定向方位角 | 190°～200° | 主孔孔径 | 149.2mm |
| 分支孔径 | 120mm | 钻具驱动方式 | 螺杆驱动 |
| 钻进段工具 | 螺杆钻具+球座加长型柔性钻杆，随后钻进则依次增加球杆加长无台阶型柔性钻杆、第一批次试制普通柔性钻杆 | 造斜段工具 | 螺杆钻具+导向套+套内柔性钻杆+配套 PDC 钻头 |
| 造斜钻头 | 中荣提供配套 PDC 钻头 | 钻进钻头 | 华北有色工程勘察院有限公司试制总长 240mmPDC 钻头 |

2号主孔8号分支孔施工根据所使用器具排列,大致分为6个阶段:①造斜阶段;②使用带扶正环型柔性钻杆钻进阶段;③完全使用球座加长型柔性钻杆钻进阶段;④球座加长型钻杆靠下+球杆加长型钻杆组合钻进阶段;⑤球杆加长型钻杆靠下+球座加长型钻杆组合钻进阶段;⑥球座加长型钻杆靠下+球杆加长型钻杆组合钻进阶段。以下将分别叙述。

1)造斜段钻进,分支孔深0.00~2.60m

该段为造斜钻进专用钻具(包含105mm螺杆、导向套、套内钻杆、钻头等)钻进成孔,采用参数为钻压1.6t压力,泵量6.5L/min,泵压2MPa,总体进尺平稳,无憋泵,无反车。

该段分支孔的这段钻进与7号分支孔的造斜钻进段相同,回转平稳、进尺稳定、无憋车、震动小,造斜完成后未发现任何一处导向套挡片开焊的情况,造斜效果经测斜验证与理论设计基本一致,达到15°/m。根据本次科研目标及云南项目需要,分支孔顶角达到30°以上即可,因此本段钻进2.60m即停钻起钻,理论孔底顶角为39°。

2)带扶正环型柔性钻杆钻进,分支孔深2.60~4.13m

该段钻进与本阶段1号、2号分支孔稳斜延伸钻进对比,主要进行了两个地方的改动。

首先是柔性钻杆扶正环的改动。根据1号、2号分支孔造斜过后稳斜延伸钻进时使用第三批制作带扶正环柔性钻杆暴露出来的问题,对柔性钻杆扶正环的扶正支点从3个增加至6个。理论认为增加扶正数量以后避免了上下相邻两个扶正环位置不一致时,柔性钻杆球座靠近孔壁的距离不一致,导致上下相邻两节柔性钻杆之间憋劲较大的问题。解决了柔性钻杆扶正环的问题以后,扶正环与球座之间为滑动轴承,有利于降低柔性钻柱与孔壁之间的摩擦,从而降低螺杆回转的力矩负荷。

其次是螺杆型号的改变,本次稳斜延伸钻进采用了7LZ120型螺杆作为钻柱回转动力来源,与以往使用的7LZ105型螺杆相比具有回转速度慢、扭矩更大的特点。本类型超短半径钻进钻孔若回转速度过高,将会使柔性钻杆与孔壁之间摩擦力增大,增大回转阻力的同时消耗钻压,使得处于柔性钻柱底端的钻头不能获得足够的钻压而影响进尺效果。

本段钻进平均效率仅为0.51m/h,为本分支孔进尺效率最慢的孔段;同时钻进过程中体现出回转阻力大、憋车劲大、主孔内钻柱震动强烈、加不上钻压的问题,稍加钻压即将螺杆憋住不能回转而泵压急剧升高,严重影响螺杆的使用。

3)球座加长型柔性钻杆钻进,分支孔深4.13~9.81m

该段钻进与本阶段分支孔之前的所有分支孔稳斜延伸钻进相比同样有两处较大的改变。

首先是井下柔性钻柱动力来源的改变,将原有的7LZ105型螺杆更换为7LZ124型螺杆,与原螺杆相比具有转速低、扭矩大的特点,与转盘式回转相比具有扭矩低、过载停止回转的保护作用,同时回转速度与转盘转速较为接近。

其次是全部采用球座加长型柔性钻杆作为柔性钻柱,与本分支孔之前的所有分支孔相比较,是第一次球座加长型柔性钻杆作为柔性钻柱的钻进试验。

根据本阶段试验钻进情况,进尺速度虽有随分支孔深度增大而降低的现象,但本段钻进平均进尺效率达到2.33m/h,且全段回转平稳,憋车较少,主井内钻柱震动较小,螺杆转子被憋住不能回转的情况发生次数较少。

4) 球座加长型钻杆靠下+球杆加长型钻杆组合钻进,分支孔深 9.81～13.91m

该段钻进为根据 7 号分支孔试验时,当球座加长型柔性钻杆经过球杆加长型钻杆+钻头所成孔段时会有下钻时遇到阻卡、起钻时有卡钻现象发生。分析认为是球杆加长型钻杆+钻头所成孔段由于柔性钻杆与孔壁接触支点较少,致使分支孔轨迹不规范,因此当更换整体均为 89mm 外径的球座加长型柔性钻杆柱时,出现不够顺畅的现象。为了消除该现象,决定将球座加长型柔性钻杆置于整个柔性钻柱靠下端的位置,达到整体较粗的钻柱所成孔段后再采用局部加粗柔性钻杆穿过孔段,消除下钻遇阻和起钻时卡钻的现象。

更换为该钻柱结构以后,确实已经将下钻遇阻和起钻时卡钻的情况消除,但该段整段钻进效率仅为 1.07m/h,且进尺速度随着球杆加长型柔性钻杆逐渐进入分支孔内而逐渐下降,根据以往的施工情况来看,很有可能进尺速度将继续下降至 0.5m/h 以下。

5) 球杆加长型钻杆靠下+球座加长型钻杆组合钻进,分支孔深 13.91～16.81m

由于上一段钻进出现钻进速度注浆降低的情况,为了避免钻头、钻杆在孔内悬空回转形成吊打的现象,不仅进尺速度缓慢,还会带来柔性钻杆锁母退扣的情况,导致井下事故。分析认为钻进效率逐渐降低的主要原因还是钻压不能有效传递到钻头位置,而柔性钻柱在回转过程中消耗钻压较大的孔段为造斜段(根据 7 号全孔、8 号造斜段测斜结果分析而得出的结果),而在钻压传递中球座加长型钻杆效果好于球杆加长型柔性钻杆。因此将球杆加长型柔性钻杆置于整个柔性钻柱上端,用于穿过该分支孔的造斜段。

将柔性钻柱组合方式更换为该组合后,虽然进尺总和效率为 0.74m/h,但进尺过程均较为平稳,无憋车现象,主井内钻柱震动较小,憋泵次数明显减少。该次下井共计钻进 3 个多小时以后起钻检查柔性钻柱安全情况,发现一节第二批加工的球杆加长型柔性钻杆锁母有退扣现象,退扣量较小,两边顶丝也只是掉了一边,另一边并未掉落。

6) 球座加长型钻杆靠下+球杆加长型钻杆组合钻进,分支孔深 16.81～24.49m

该段钻进将球座加长型柔性钻杆再次置于整个柔性钻柱底端的原因是通过本次分支孔前三、四、五段的钻进,虽然球座加长型柔性钻杆成孔效率、所成孔段对钻柱的穿过性能均较好,但目前总体钻进效率还是不高,主要原因是钻压还是传递不到钻头上。目前分支孔深度已经达到 16.81m,如果将球座加长型柔性钻杆置于柔性钻柱底端时,球座加长型柔性钻杆部分已经全部通过了造斜段(而稳斜延伸段的顶角及方位角的变化均不太大)。球座加长型柔性钻杆自重在通过了造斜段以后如果能全部加到钻头上,对进尺效率的保障已能满足需求。

因此在起钻检查钻柱情况后,将柔性钻柱的组合方式改回到球座加长型柔性钻杆靠下的方式进行钻进。经调整后该段钻进效率为 1.32m/h,总体进尺较为平稳,憋泵次数相对较少。

钻进工作结束后开始下一步测斜工作。本次分支孔测斜工作分 3 个步骤:造斜完或后对造斜段测斜,目的是获取准确的造斜段轨迹资料;稳斜延伸钻进至 9.81m 时测斜一次,目的是检查稳斜段的角度是否按照造斜底点进行延伸,是否有下趴、转弯等现象;全分支孔钻进完成后测斜,本次测斜包括普通机械式罗盘测斜仪单点测斜和电子罗盘测斜仪测斜,电子罗盘测斜仪测斜为河北涿州瑞通科技有限公司采用特殊的测斜仪进行测量。

其测斜结果统计如表 5-18 所示。

表 5-18  2 号主孔 8 号分支孔测斜记录

| 测点分支孔深(m) | 设计顶角(°) | 实测顶角(°) | 设计方位角(°) | 实测方位角(°) | 表号 |
|---|---|---|---|---|---|
| 1.00 | 15 | 14 | 190~200 | 230 | 463 |
| 2.00 | 30 | 26、27 | 190~200 | 214、249 | 464、463 |
| 2.50 | 37 | 32 | 190~200 | 260 | 464 |
| 4.00 | 39 | 31 | 190~200 | 235 | 463 |
| 6.00 | 39 | 35 | 190~200 | 240 | 464 |
| 8.00 | 39 | 39 | 190~200 | 320 | 464 |
| 12.00 | 39 | 35 | 190~200 | 245 | 463 |
| 16.00 | 39 | 36 | 190~200 | 244 | 464 |
| 20.00 | 39 | 34 | 190~200 | 253 | 463 |
| 24.00 | 39 | 35 | 190~200 | 278 | 464 |

该分支孔在华北有色工程勘察院有限公司自主采用机械式罗盘测斜仪进行测斜的基础上,同时引进了河北涿州瑞通科技有限公司的 RTE-Ⅱ型电子单多点测斜仪,对分支孔轨迹进行测量,其测斜结果如表 5-19 所示。

表 5-19  2 号主孔 8 号分支孔 RTE-II 型电子单多点测斜仪测斜记录

| 测点分支孔深(m) | 顶角(°) | 方位角(°) | 测点分支孔深(m) | 顶角(°) | 方位角(°) | 测点分支孔深(m) | 顶角(°) | 方位角(°) |
|---|---|---|---|---|---|---|---|---|
| 1.00 | 17.93 | 245.27 | 9.00 | 33.63 | 238.37 | 17.00 | 32.43 | 238.36 |
| 2.00 | 29.65 | 242.0 | 10.00 | 33.73 | 238.29 | 18.00 | 32.67 | 237.88 |
| 3.00 | 25.27 | 252.09 | 11.00 | 32.86 | 237.07 | 19.00 | 32.47 | 233.5 |
| 4.00 | 28.33 | 243.29 | 12.00 | 32.6 | 237.21 | 20.00 | 31.58 | 228.44 |
| 5.00 | 31.15 | 244.4 | 13.00 | 32.19 | 238.39 | 21.00 | 32.13 | 227.01 |
| 6.00 | 31.3 | 245.63 | 14.00 | 32.06 | 238.23 | 22.00 | 31.87 | 226.8 |
| 7.00 | 32.94 | 238.94 | 15.00 | 32.12 | 238.14 | 23.00 | 32.4 | 227.38 |
| 8.00 | 33.75 | 238.41 | 16.00 | 32.32 | 238.07 | 24.00 | 32.39 | 227.37 |

### 5.3.3 彝良现场试验

中关试验所用柔性钻杆进入毛坪铅锌矿,意味着中关试验阶段正式转入彝良现场生产性试验阶段。由于两地施工环境有所不同,在以中关试验所用钻探工具及施工工艺基础上,分别对其钻探动力源、钻头、钻具组合方式、钻探参数等方面进行了相关改进。

#### 5.3.3.1 钻探动力源改进

在分支孔稳斜段施工过程中,最初采用螺杆钻具驱动方式进行钻进,在钻进初期发现随着钻孔的加深,泵压增长较快,对螺杆钻具的使用寿命极为不利,后经不断总结研究,最终采用转盘驱动方式进行稳斜段钻进。

究其原因,螺杆钻具驱动泵压高、钻进效率低,尤其在钻进到30m之后,钻进效率仅有0.27m/h(据NSK1-2统计)(表5-20),螺杆钻具驱动柔性钻杆适用于造斜钻进不大于35.56m稳斜钻进阶段,但对螺杆钻具及水泵质量要求较高,高泵压下长期工作将大大降低螺杆钻具使用寿命。

转盘驱动柔性钻杆钻进的优势体现在孔深大于30m之后,通过转盘带动对水泵要求较低,同时能够保证转速,提高钻进效率,通过对NSK1-2稳斜钻进过程中不同动力源进行尝试,可以很明显地看出采用转盘驱动钻进效率要比螺杆驱动大得多。

表 5-20 NSK1-2 钻探参数统计表

| 钻进阶段(m) | 钻进方式 | 钻压(t) | 泵压(MPa) | 泵量(L/S) | 钻进效率(m/h) |
|---|---|---|---|---|---|
| 3~32.79 | 直螺杆 | 1.2~1.8 | 3~6<br>6.5~7.5<br>(27.17~32.79m) | 9.6~10.4 | 0.91 |
| 32.80~34.05 | 直螺杆 | 1.4~2 | 6.5~7 | 9.3~9.6 | 0.2 |
| 34.06~35.55 | 转盘 | 1.6~1.8 | 5.5 | 10.6 | 1.3 |
| 35.56~36.77 | 直螺杆 | 1.6~1.8 | 7~8 | 9.1 | 0.27 |
| 36.78~40.1 | 转盘 | 1.6~1.8 | 6 | 10.6 | 0.69 |

#### 5.3.3.2 钻头改进

**1. 造斜钻头**

自分支孔施工以来,在造斜阶段分别使用了金刚石钻头(表镶及孕镶),复合片钻头,通过分阶段尝试,使用改进型复合片钻头钻进效率较高。

(1)施工 NSK3-1 分支孔时,所用造斜钻头为表镶金刚石钻头(图 5-7)。由于岩层为中硬度的白云岩,该钻头工作方式为研磨,钻进效率仅为 0.43m/h,优点为钻进过程中,方位保持较好,摆动幅度较小(表5-21)。因钻探效率过低,最终放弃使用该钻头方案。

图 5-7 表镶金刚石钻头

表 5-21　NSK3-1 测斜数据

| 埋深(m) | 方位(°) | 倾角(°) |
| --- | --- | --- |
| 1 | 98.5 | 14.4 |
| 2 | 88.2 | 26.5 |
| 3 | 88.9 | 33.7 |

(2)在给 NSK3-2 孔造斜时,采用钻头为孕镶金刚石钻头(图 5-8),工作原理类似于表镶金刚石钻头,造斜效率为 0.22m/h,严重影响钻进效率。

(3)改进型复合片钻头(图 5-9),施工速度为 1.41~3.56m/h,大大提高造斜效率,但由于钻头头部较尖,与岩石接触面积小,在给足钻压造斜钻进过程中,钻头会发生摆动,钻进后方位角变化幅度 3°~5°,变化幅度虽不大,但对于方位有严格要求的钻进工艺仍需进一步改进。

图 5-8　孕镶金刚石钻头　　　图 5-9　复合片造斜钻头

**2. 稳斜钻头**

在稳斜钻进阶段,分别经历了金刚石钻头钻进、复合片钻头钻进、中关用复合片钻头钻进过程,最终认为中关用复合片钻头,无论从钻进效率还是保斜效果分析都为最佳。

(1)NSK3-1 稳斜段初期使用了金刚石钻头(图 5-10)钻进,施工效率仅为 0.14m/h,且在钻进过程中出现了不进尺、憋车频繁、立轴晃动严重的问题,经分析发现主要是由钻头结构设计不合理、排水不畅导致的。

图 5-10　改进前(a)与改进后(b)的金刚石稳斜钻头

(2)NSK1-1稳斜钻进初期(3～6.15m)使用复合片钻头钻进(图5-11),钻进效率偏低,施工效率仅为0.5m/h。

图5-11 复合片稳斜钻头改进前后对比图

分析认为,该钻头为6刀翼,排水槽宽度过于狭窄,从而导致钻进过程中排水不畅,泵压增高,有效钻压降低,钻进速度随之降低;另外,保径段高度高于钻头切削复合片高度,使得在钻进过程中,钻头复合片切削孔壁后保径段会进行二次扩孔,大大降低钻进速度。为降低泵压,提高钻进效率,钻头进行了如下3个方面改进:①加大排水孔直径;②加大沟槽宽度和深度;③调整保径长度、高度。

(3)由于改进后的复合片钻头丝扣连接处为两层,如使用不当,极易发生钻头掉落事故,最终大多数孔稳斜段施工使用的是中关用复合片钻头(图5-12),该钻头能够克服以上所有缺点进行钻进,平均钻进效率为1m/h以上,能满足生产要求。

图5-12 中关用复合片稳斜钻头

#### 5.3.3.3 钻具组合方式改进

自分支孔施工以来,由于对其施工工艺认识由浅到深,在遇到施工问题时能够从容应对,稳斜钻进组合形式也由最初的直螺杆+柔性钻杆+扶正器+钻头方式演变为多种组合形式。

**1. 直螺杆+柔性钻杆+扶正器+钻头**

分支孔施工初期最原始的钻进组合形式,仅在NSK1-1初期(3～19.17m)稳斜钻进过程中使用。该钻进方式缺点为由于扶正器(图5-13)槽浅,导致排水不畅,影响泵压及钻进效率。通过统计,NSK1-1此段钻进效率为1m/h,钻进效率偏低。

**2. 钻杆+柔性钻杆+钻头**

该钻进组合方式主要是由钻机转盘驱动,该组合方式主要是基于分支孔深度大于30m时,泵

图5-13 现场使用扶正器

压较高(>6MPa),对水泵及螺杆钻具使用寿命均有影响,且由于螺杆钻具动力不足,导致钻进效率降低。在 NSK3-2、NSK1-1 分支孔中均能体现,采用该方式后,泵压明显降低(<6MPa),钻进速率大大增加(>1m/h)(表 5-22)。

表 5-22 转盘驱动与螺杆驱动效率对比

| 孔号 | 钻进方式 | 钻进深度(m) | 泵压(MPa) | 钻进效率(m/h) |
| --- | --- | --- | --- | --- |
| NSK3-2 | 直螺杆 | 32.00~40.00 | 4.0~6.5 | 0.60 |
| NSK1-1 | 直螺杆 | 30.18~40.14 | 5.5~7.0 | 0.87 |
| NSK3-3 | 转盘 | 30.40~40.40 | 3.5~5.5 | 0.86 |
| NSK1-2 | 转盘 | 34.05~40.10 | 5.5~6.0 | 1.00 |
| NSK1-3 | 转盘 | 33.69~40.09 | 5.5~6.0 | 1.18 |
| NSK1-4 | 转盘 | 24.82~40.22 | 5.0~5.5 | 1.04 |

以该方式钻进后,效率虽有提升,但成孔质量有所降低,主要体现在钻孔方位的控制上。由于缺少扶正器的保斜作用,使得钻头进入地层后不受控制,导致在软硬地层变化带方位发生突变的概率大大增加。从图 5-14 中可以看出,由于稳斜钻头受控性差,最终导致方位角较设计值偏差较大。

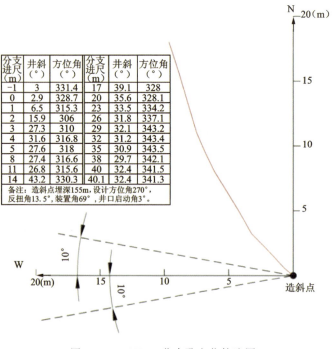

图 5-14 NSK1-4 分支孔方位轨迹图

### 3. 钻杆＋柔性钻杆＋改进扶正器＋钻头

该组合方式是基于稳斜段钻进受控性差改进的,通过在钻头底部连接2节特殊结构的扶正器(图5-15),在钻进过程中,相当于0.72m的保直段钻进,对钻孔方位及倾角起到了稳定的作用(图5-16)。另外,扶正器直径由原来的116mm降低到109mm,大大增加了排水空间,使得泵压有所降低。目前稳斜段施工以该项组合方式为主。

图 5-15　改进后的扶正器(a)及连接方式(b)

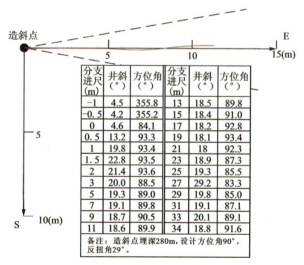

| 分支进尺(m) | 井斜(°) | 方位角(°) | 分支进尺(m) | 井斜(°) | 方位角(°) |
|---|---|---|---|---|---|
| -1 | 4.5 | 355.8 | 13 | 18.5 | 89.8 |
| -0.5 | 4.2 | 355.2 | 15 | 18.4 | 91.0 |
| 0 | 4.6 | 84.1 | 17 | 18.2 | 92.8 |
| 0.5 | 13.2 | 93.3 | 19 | 18.1 | 93.4 |
| 1 | 19.8 | 93.4 | 21 | 18 | 92.3 |
| 1.5 | 22.8 | 93.5 | 23 | 18.9 | 87.3 |
| 2 | 21.4 | 93.6 | 25 | 19.3 | 85.5 |
| 3 | 20.0 | 88.5 | 27 | 29.2 | 83.3 |
| 5 | 19.3 | 89.0 | 29 | 19.8 | 85.0 |
| 7 | 19.1 | 89.8 | 31 | 19.1 | 87.1 |
| 9 | 18.7 | 90.5 | 33 | 20.1 | 89.1 |
| 11 | 18.6 | 89.9 | 34 | 18.8 | 91.6 |

备注：造斜点埋深280m,设计方位角90°,反扭角29°。

图 5-16　NSK3-9方位轨迹图

#### 5.3.3.4　钻探参数改进

钻探参数包括钻压、泵压及泵量3个参数,由于地层及设备与中关试验时存在差异,经过多个分支孔施工,总结了一套适用于现场的施工参数。

**1. 采用螺杆钻具造斜及钻进**

螺杆钻具造斜及钻进控制参数见表 5-23。

表 5-23　螺杆钻具造斜及钻进控制参数

| 阶段 | 泵压(MPa) | 泵量(L/s) | 钻压(t) |
| --- | --- | --- | --- |
| 造斜阶段 | 1.5～4 | 9～10 | 0.8～1.6 |
| 稳斜阶段 | <6(0～25m)<br>>6(25～40m) | 9～11 | 1.2～2(不超过2) |

**2. 采用钻机驱动柔性钻杆钻进**

钻机驱动柔性钻杆钻进控制参数见表 5-24。

表 5-24　钻机驱动柔性钻杆钻进控制参数

| 阶段 | 泵压(MPa) | 泵量(L/s) | 钻压(t) | 转速(r/min) |
| --- | --- | --- | --- | --- |
| 稳斜阶段 | 0.5～6 | 10～13.2 | 1.4～2(不超过2) | <3挡(110r/min、89r/min) |

**3. 泵压分析**

针对前期泵压偏高的现象,现场技术员进行了相关统计分析。

(1)相同泵量条件下,柔性钻杆长度对泵压影响如表 5-25 所示。

表 5-25　柔性钻杆长度对泵压影响统计

| 柔性钻杆长度<br>(m) | 泵量<br>(L/s) | 主孔内悬空启动泵压<br>(MPa) | 分支孔内启动泵压<br>(MPa) | 钻进泵压<br>(MPa) |
| --- | --- | --- | --- | --- |
| 20.8 | 9.5 | 2.5～3 | 3～3.5 | 4～5 |
| 32.8 | 9.5 | 3.5～4 | 4 | 3.5～5 |

从横向观察,由于摩擦阻力的作用,分支孔内启动泵压比主孔内悬空泵压高大约 0.5MPa,而钻进过程中,由于钻压的增加,使得钻进泵压比分支孔内泵压高 1MPa。

纵向分析,随着钻杆长度增加,无论是主孔内悬空泵压还是分支孔内启动泵压均比短柔性钻杆状态下的泵压增大约 1MPa,钻进泵压由于两者钻压不同,不具有可比性。

(2)相同柔性钻杆长度下,泵量对泵压影响如表 5-26 所示。

表 5-26　泵量对泵压影响统计

| 柔性钻杆长度<br>(m) | 泵量<br>(L/s) | 主孔内悬空启动泵压<br>(MPa) | 分支孔内启动泵压<br>(MPa) | 钻进泵压<br>(MPa) |
| --- | --- | --- | --- | --- |
| 40.8 | 8 | 2.8～3 | 5.5 | 6 |
| 40.8 | 10 | 7.3 | 8 | |

横向分析,分支孔内启动泵压比主孔内悬空泵压高大约 1.3～2.5MPa,而钻进过程中,由于钻压的增加,使得钻进泵压比分支孔内泵压高 0.5MPa。

在柔性钻杆为 40.8m 的情况下,泵量由 8L/s 增大到 10L/s,主孔内悬空泵压增大了约

4.3MPa，分支孔内启动泵压增大了约 2.5MPa。

从上述数据分析，泵量对分支孔内启动泵压影响比柔性钻杆长度对分支孔内启动泵压影响要大。

(3) 螺杆钻具、柔性钻杆对泵压的影响。由表 5-26 可知，在柔性钻杆 40.8m、泵量 10L/s 的条件下，主孔内悬空启动泵压为 7.3MPa。为弄清楚高泵压是由何种因素造成的，现场分别对螺杆钻具及柔性钻杆进行了泵压测试。

从表 5-27 可以看出，在 10L/s 泵量前提下，地表测试直螺杆泵压为 2MPa，柔性钻杆泵压为 4MPa，柔性钻杆＋复合片钻头泵压为 4MPa。

表 5-27　螺杆钻具及柔性钻杆泵压测试结果统计

| 项目 | 泵量(L/s) | 泵压(MPa) |
| --- | --- | --- |
| $\phi$124mm 直螺杆 | 10 | 2 |
| 40.8m 柔性钻杆 | 10 | 4 |
| 40.8m 柔性钻杆＋复合片钻头 | 10 | 4 |

从以上数据中可以得到以下信息：①柔性钻杆是引起高泵压的主要原因。目前由于柔性钻杆过水断面小，在给足泵量的前提下，会产生沿程阻力，使得泵压升高。②钻头对泵压影响较小。通过试验，在有无钻头情况下，泵压基本保持不变，分析认为目前钻头排水能力较强，对泵压影响较小。③由于柔性钻杆本身对泵压影响较大，如在高泵压条件下采用螺杆钻具，对螺杆钻具的使用寿命将有不利影响。

## 5.4　设备定型

"鱼刺形"钻孔从结构方面解析，可分为垂直方向的主孔和区别于垂直方向的分支孔，因此施工形成"鱼刺形"钻孔的器具亦分为两大类别。在主孔施工方面，由于与传统帷幕注浆或不取芯钻进从施工性质、器具、工艺等方面均不存在区别，因此不再阐述。

分支孔施工器具由于造斜段造斜强度过大，造斜、稳斜等相关特殊要求，传统的钻柱组成部分如钻铤、钻杆、钻头等器具不能通过造斜孔段或不能保证分支孔角度符合设计要求，因此针对分支孔施工，设计了专门的施工器具，包括柔性钻杆、螺杆钻具、导向套及内含柔性钻杆、造斜钻头与稳斜钻头、测斜仪器及导斜器 6 个部分，进行中关、彝良两地的现场试验，定型设备设计合理、性能可靠，下面针对各部分器具的技术参数、作用及原理进行详细介绍。

### 5.4.1　柔性钻杆

柔性钻杆是钻柱通过造斜段以后的主要组成部分，其作用如传递扭矩、传递钻压，在抗拉强度和中空冲洗液通道等方面虽然与普通钻杆一致，但由于分支孔造斜段曲率半径仅为小于 5m 的弯曲孔段，普通钻杆不能穿过弯曲孔段或穿过弯曲孔段以后由于强烈挠曲运动而产生疲劳断裂，因此还需要柔性钻杆具有自身能够进行任意径向的曲率半径与造斜孔段曲率半径一致的自由弯曲,用于抵抗弯曲孔段对钻杆回转时形成的强烈挠曲运动导致的疲劳损坏的性质。经过前期大量的试验工作,根据其钻进效率、事故率、结构合理性等方面的综合筛选,目前已得到的综合效果最好的柔性钻杆如图 5-17 所示。

图 5-17　柔性钻杆(球座加长型号)

该柔性钻杆的各项技术参数如表 5-28 所示。

表 5-28　柔性钻杆技术参数表

| 单节长度 | 200mm | 单节弯曲度数 | 5° |
|---|---|---|---|
| 外径 | 98mm | 最小内径 | 27mm |
| 抗拉强度 | 20t | 极限扭矩 | 15 000N·m |
| 额定扭矩 | 3500N·m | 适用钻压 | ≤2t |
| 抗冲洗液压力 | 10MPa | | |

由于要求柔性钻杆自身具有在不受径向外力的作用下能够形成规定曲率半径弯曲状态的特性,首先需要对柔性钻杆的曲率半径进行计算:

$$R = \frac{L/2}{\sin(\theta/2)} \tag{5-1}$$

式中:$R$—钻杆曲率半径,m;

$L$—柔性钻杆单节长度,m;

$\theta$—单节弯曲度数,(°)。

由式(5-1)可知,柔性钻杆的曲率半径(弯曲强度)由柔性钻杆的单节长度和单节弯曲度数两个参数确定。

## 5.4.2　导向套

导向套是分支孔施工时迫使造斜钻头被动造斜的关键工具,同时它具有控制分支孔造斜方位和造斜孔底的顶角度数的作用,其外观如图 5-18 所示。

图 5-18　导向套外观

导向套的工作原理是整个导向套部分由单节长度为 200mm（与柔性钻杆单节长度一致），两端端面与轴线方向呈 1.5°夹角（与柔性钻杆单节弯曲度数配套），两端端面与轴线夹角方向相反，通过特殊结构挂钩相互连接的单个导向套按需要的个数连接而成，相邻两个导向套连接以后形成左右对称，可以单向活动的"V"形接触。

当由导向套、造斜钻头和内含的柔性钻杆共同构成的造斜钻具柱从主孔孔口下入孔内的时候，上下相邻两节导向套的"V"形接触在重力作用下呈张开状态。当造斜钻具柱下至设计造斜点的孔底时，上下相邻两节导向套在钻压的作用下，"V"形接触闭合，此时上下相邻两节导向套即可形成具有一定夹角的弯曲状态。由于上下相邻导向套呈"V"形接触，导致连接于造斜钻具柱底端的造斜钻头受到的钻压力在平面上具有不均匀性，同时多个相互弯曲的相邻导向套组合在同一径向的弯曲，使得造斜钻具柱的弯曲状态得到延续。因此，造斜钻具能够实现连续弯曲的造斜钻进。

由于所有相邻导向套"V"形接触的开口方向一致，在配合螺杆钻具使用的情况下，通过陀螺测斜仪确定"V"形接触的开口方向与设计需求方向一致以后，将导向套在回转方向进行固定，因此能够通过确定导向套的方位角度从而确定分支孔的造斜方位角度。由于每节导向套的长度和两端端面与轴线夹角为固定值，因此，单位长度的造斜钻具柱能够产生的顶角变化量即可通过计算加以确定；造斜钻进时根据造斜钻具柱进入分支孔造斜段的长度即可确定分支孔的造斜顶角度数。

### 5.4.3 螺杆钻具

螺杆钻具在本分支孔钻进施工中分为两种情况，一种是造斜钻进的时候使用螺杆钻具，另一种是造斜完成以后分支孔的稳斜延伸钻进时使用螺杆钻具，两种情况下螺杆钻具都是井下碎岩钻头的动力来源。但在具体参数要求及结构连接方面有不同的区别。

造斜用的螺杆钻具底端外观如图 5-19 所示，该螺杆除具有提供钻头扭矩的功能以外，充分利用了螺杆钻具在井下处于定子外壳不用回转而中空转子回转的特点。螺杆钻具配合导向套进行造斜钻进时，由于对分支孔方位角度的控制，要求导向套处于轴向可上下运动而径向不能发生转动的状态。只需将导向套与螺杆钻具的定子外壳相连接，而螺杆转子即可通过导向套内的柔性钻杆带动钻头回转，破碎孔底岩石，实现分支孔造斜钻进。

图 5-19 造斜用螺杆钻具底端外观

造斜用螺杆钻具的选择需要从结构尺寸、螺杆钻具提供动力参数等方面进行综合考虑，本次造斜用螺杆钻具详细参数见表5-29。

表5-29 造斜用螺杆钻具参数表

| 型号 | 7LZ102 | 外形尺寸 | $\phi 102mm \times 5m$ |
|---|---|---|---|
| 额定转速 | 127～270r/min | 额定扭矩 | 16 702 340N·m |
| 适用钻压 | 55kN | 马达压降 | 3.2MPa |
| 推荐流量 | 7～15L/s | 极限扭矩 | 2 340N·m |

造斜用螺杆钻具的选择主要根据结构尺寸及提供动力参数两方面进行考虑；在结构尺寸方面，由于本次分支孔导向套外径为109mm，螺杆钻具在与之相连接后，以尽量没有较大的直径变化为宜，防止井壁活石掉块导致卡钻事故等。在动力参数方面，由于导向套内的柔性钻杆与钻进用的柔性钻杆相比，外径较小，强度较低，因此根据该处柔性钻杆强度，选择扭矩小于等于2 000N·m的螺杆钻具较为合适。

钻进用螺杆钻具为常规直螺杆。井下的柔性钻柱通过转盘驱动或螺杆驱动均能实现回转运动，但柔性钻杆在抗扭矩强度方面属于全钻柱最为薄弱的环节，而转盘驱动时的扭矩过载保护装置异常复杂，且过载保护效果不佳；采用螺杆钻具作为井下柔性钻柱部分动力来源时，可轻易通过控制流经螺杆的液体压力来实现对柔性钻柱部分扭转过载进行保护，因此采用螺杆钻具作为分支孔稳斜钻进时的回转动力来源，是具有防止柔性钻杆被过载扭断的重要措施。本次选用的稳斜钻进螺杆钻具详细参数如表5-30所示。

表5-30 钻进用螺杆技术参数表

| 型号 | 7LZ124 | 外形尺寸 | $\phi 124mm \times 6.58m$ |
|---|---|---|---|
| 额定转速 | 120～240r/min | 额定扭矩 | 3 530N·m |
| 适用钻压 | 50kN | 马达压降 | 4MPa |
| 推荐流量 | 11～22L/s | 极限扭矩 | 4 940N·m |

稳斜段钻进用螺杆钻具的选择主要考虑螺杆提供的动力参数是否与钻杆柱底端柔性部分穿过造斜段以后所需要的动力参数一致，而由于螺杆钻具本身并不进入分支孔内，因此螺杆钻具在外形尺寸上留足主孔内冲洗液上返空间即可。根据常用螺杆钻具尺寸表，本次选用外径124mm螺杆钻具。在螺杆提供的动力参数方面，柔性钻杆额定扭矩为5 000N·m，因此建议螺杆提供扭矩不能超过此扭矩值。在转速方面，柔性钻杆穿过造斜段预计理想转速为50～80r/min，但由于螺杆钻具在转速过低时输出扭矩值急剧降低，因此采用了能够通过流量进行少量转速调节的实心螺杆钻具。

### 5.4.4 造斜钻头与稳斜钻头

钻头是钻柱底端破碎孔底岩石的主要工具，但在本次"鱼刺形"钻孔施工中，由于钻柱部分具有单一或任意方向自由弯曲的特点，因此钻孔轨迹控制的工作将通过特殊结构的钻头完成。

分支孔施工中根据施工孔段性质不同,所使用钻头也存在相应区别。在造斜段钻进时,造斜钻头的作用是钻进成孔的同时,与导向套共同作用,使分支孔能够保持连续造斜状态,达到设计要求的造斜深度。基于以上作用,本次采用的造斜钻头具有以下特点:

(1)钻头总长度小,与第一节导向头相连接后的长度仅为29cm,该长度与导向套的单节长度最大限度接近,不会与导向套曲率半径所成弯曲孔段产生干涉。

(2)钻头冠状部分为特殊的类似半球形状,最大限度利于钻头产生倾倒,在导向套传递过来不平衡钻压的情况下,能够最大限度利于造斜,解决传统造斜工具不能克服钻头自重而导致钻孔轨迹往重力方向发生偏转的难题。该造斜钻头外观与主要设计参数如图5-20所示。

| 钻头外径 | 120mm |
| 钻头总长 | 135mm |
| 有效长度 | 95mm |
| 保径段长 | 35mm |
| 切削翼数 | 6刀翼 |
| 水口宽度 | 25mm |

图5-20 造斜钻头外观及主要设计参数

分支孔造斜钻进完成后需要在继续保持方位角和顶角不发生变化的前提下,延伸钻进分支孔直至设计要求的分支孔深度,该段钻进因此称为稳斜钻进。本次彝良毛坪矿帷幕注浆试验中要求单个分支孔深度达到40m左右;由于钻柱在穿过造斜段以后均由具有任意方向弯曲性质的柔性钻杆构成,柔性钻杆上不能与常规钻具一样加装扶正装置,因此稳斜钻进时,钻头除具有常规钻头的碎岩成孔作用之外,还需要具备维持方位角和顶角稳定不变的特性。

基于以上特性要求,本次采用了如图5-21所示外形和参数的PDC钻头作为稳斜钻头,该钻头的特点如下:

| 钻头总长 | 240mm |
| 保径段长 | 45mm |
| 外径 | 120mm |
| 尾部刚体外径 | 105mm |
| 尾部刚体长度 | 150mm |
| 切屑翼数 | 6刀翼 |

图5-21 稳斜钻头外观及主要设计参数

(1)钻头冠状部分的保径段长较普通钻头更长、更宽,通过该处呈圆柱状的外形特点,采用以满保直的原理提高稳斜效果。

(2)钻头尾部钢体直径较粗而内径较小、长度较长,以此达到增大尾部钢体部分质量的目的。在钻进过程中保径段与孔壁摩擦形成支点,形成尾部较重、头部较轻的杠杆状态,主动迫使钻头底唇面具有"抬头"的趋势而达到稳斜效果。

### 5.4.5 测斜仪器

井下测斜仪器作为钻井工程测量掌握钻孔轨迹在空间的存在状态的专用工具。本次分支孔施工根据工艺需要和钻孔结构特点,将采用 RET-Ⅱ/23 型电子罗盘测斜仪和 JDT-6 型陀螺测斜仪配合使用,对分支孔进行预定方向的钻进,并对分支孔的全孔轨迹进行测量。

分支孔的定向工作由 JDT-6 型陀螺测斜仪配合装配于造斜钻具顶端的定向接头完成。现有及其他的常规测斜仪不能穿过造斜段进入分支孔段,因此分支孔钻进过程中或完成后采用 RET-Ⅱ/23 型电子罗盘测斜仪配合专用测斜铜棒,替换到分支孔钻进稳斜钻头位置后,下入孔内按规定时间在规定埋深点停留后,取出井外即可读取钻孔测斜数据。如图 5-22 所示,该 RET-Ⅱ/23 型电子罗盘测斜仪具有体积短小、实现连续多点测量、内置电池供电、精度高等特点,其技术参数如表 5-31 所示。

图 5-22　RET-Ⅱ/23 型电子罗盘测斜仪外观

表 5-31　RET-Ⅱ/23 型电子罗盘测斜仪技术参数表

| 探管尺寸 | φ23mm×200mm | 测量存储组数 | 200 组 |
|---|---|---|---|
| 连续工作时间 | 40h | 工作温度范围 | −10～+105℃ |
| 井斜角 | (0°～180°)±0.2° | 方位角 | (0°～360°)±1.5° |

### 5.4.6 导斜器

导斜器是作为在主孔施工完成后,在主孔内的任意埋深点进行分支孔造斜的专用工具之一,其作用为:①在主孔内任意埋深点实现悬空架桥;②为造斜钻具形成初始弯曲的导斜槽面。

本次采用的导斜器虽有部分结构是引自油田钻井行业,但为了适合如此强烈造斜分支孔的使用,对部分结构进行了改进,突出特点体现如下:

(1)导斜面为双曲面,其轴向曲线与造斜孔段曲率半径一致,径向曲线与分支孔径配套。

(2)具有更可靠的回收打捞装置,使实现主孔继续钻进等工作成为可能。

本次导斜器的外观和主要技术参数如图 5-23、表 5-32 所示,下端采用油田钻井常用的"Y211"封隔器作为架桥坐封装置,实现在孔内任意埋深点架桥;上端为工作机构导斜槽及安放短管。使用时将导斜器下入井内预定埋深点并通过陀螺测斜仪定向以后,上下提放导斜器实现稳定架桥后即可扭转安放短管,导斜器安放完成。

图 5-23 导斜器外观

表 5-32 导斜器主要技术参数

| 坐封装置名称 | "Y211"封隔器 | 收缩外径 | 146mm |
|---|---|---|---|
| 张开外径 | 170mm | 坐封压力 | 10t |
| 导斜槽曲率半径 | 3～5m 不等 | 导斜槽直径 | 130mm |

## 5.5 施工工艺定型

### 5.5.1 施工步骤

"鱼刺形"空间结构钻孔施工,根据分支孔与主孔施工的上下顺序可分为下行式分支孔施工和上行式分支孔施工两种施工方法。

#### 5.5.1.1 下行式分支孔施工

下行式分支孔施工是指分支孔施工顺序为从上到下进行施工,并与主孔各注浆段施工交叉进行,其详细施工步骤如图 5-24 所示。

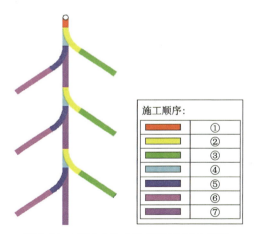

图 5-24 下行式分支孔施工流程示意图

由图 5-24 可知,下行式分支孔施工流程如下:①主孔开孔钻进至第一个分支孔造斜点埋深处;②更换为造斜钻具,按设计方位角完成第一个分支孔造斜段钻进;③更换为稳斜钻具,完成第一个分支孔延伸稳斜段钻进,至此第一个分支孔施工完成,进行高压注浆处理;④延伸主孔至下一个分支孔造斜点;⑤更换为造斜钻具,按设计方位角完成下一个分支孔造斜段钻进;⑥更换为稳斜钻具,完成下一个分支孔延伸稳斜段钻进,至此第二个分支孔施工完成,再次进行高压注浆处理;⑦再次更换为主孔钻进钻具,将主孔延伸至下一个分支孔造斜点。至此"鱼刺形"钻孔不同方向的分支孔和主孔均完成施工,进一步施工只需重复工序②～⑦,完成设计要求的全部主孔及分支孔施工即可。

采用该施工方法时,造斜钻进及稳斜钻进各自采用的钻进参数参考值如表 5-33 所示,具体可根据实际情况做部分增减。

表 5-33 分支孔施工施加参数参考表

| 项目分类 | 造斜钻进 | 稳斜钻进 |
| --- | --- | --- |
| 开始回转距离孔底位置(m) | 0.5 | 0.5 |
| 钻压(t) | 1.2～1.6 | 0.8～1.2 |
| 泵量(以转速为主)(L/S) | 6～8 | 6～8 |
| 转速(r/min) | 60～100 | 50～80 |
| 螺杆钻具压力降(MPa) | 1.5～3.5 | 1.5～3.5 |
| 钻速低值极限(m/h) | 0.4 | 0.5 |

采用该施工方法时,每次分支孔的造斜点均处于主孔已成的自然孔底处,因此其步骤简单,效率较高,钻孔角度控制可靠,是本次云南项目部计划采用的施工流程。如图 5-25 所示,单个分支孔施工按工作性质划分,只需要 5 步即可完成。

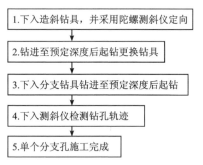

图 5-25 原始孔底造斜法分支孔施工流程图

### 5.5.1.2 上行式分支孔施工

上行式分支孔施工是指在施工过程中主孔与分支孔的施工顺序是先后进行的。如图 5-26 所示,首先将主孔分段钻进并进行注浆处理直至主孔全部完成;然后采用导斜器在主孔内根据各分支孔造斜点埋深,从下至上开始架桥进行分支孔施工。

该种施工方法各阶段参考钻进参数与下行式分支孔施工方法一致。该种施工方法的优点在于可将相邻两个或多个分支孔均钻进完成后同时进行注浆处理,但单个分支孔施工工序较多,影响分支孔角度控制精度的因素较多,且存在如导斜器回收失败、卡钻等事故的风险,影响进一步钻进。如图 5-27 所示,该种施工方法单个分支孔施工大约需要 12 道工序才能完成。

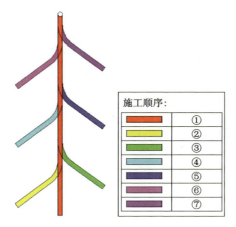

图 5-26 原始孔底造斜法分支孔施工流程图

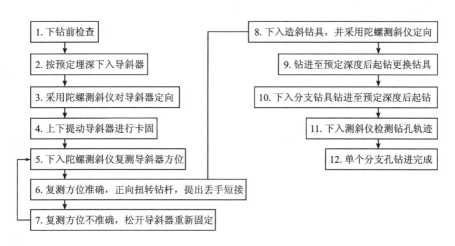

图 5-27 导斜器架桥造斜法分支孔施工流程图

## 5.5.2 工艺定型

### 5.5.2.1 造斜段施工

在造斜钻进阶段,其动力来源是直螺杆钻具,钻具连接方式为直螺杆钻具+导向套+造斜用柔性钻杆+钻头。

**1. 工作原理**

造斜钻具是分支孔造斜时约束钻进方向和角度的关键工具,它具有固定分支孔造斜方位、增大分支孔顶角度数的作用。

造斜钻具由外部管状固定方向的导向套(图 5-28)、内部方向的柔性钻杆(图 5-29)和造斜钻头3部分组成。导向套单节的类型有连接套、上导向套、普通导向套、下导向套4种,其整体通过各类单节按一定顺序由特殊结构挂钩相互连接而成(个数由造斜顶角度数决定),相邻两节导向套呈"V"形接触,使弯曲方向具有唯一性。

图5-28 $\phi$109mm 导向套

图5-29 $\phi$85mm 柔性钻杆

当造斜钻具在主孔内时,导向套之间的"V"形接触在重力作用下呈张开状态,形成"V"形开口。当造斜钻具下至设计造斜点时,在钻压的作用下,"V"形开口闭合,此时造斜钻具即可形成固定方向的弯曲状态。由于相邻导向套均呈"V"形接触,使得造斜钻具弯曲状态得到延续,因此造斜钻具能够实现连续弯曲造斜钻进。

在造斜过程中导向套工具面角固定,自身不发生转动,由导向套内的柔性钻杆将动力传导至钻头。

由于各相邻导向套之间的"V"形接触呈固定夹角(最大值1.5°),因此即可通过导向套节数累加得出造斜钻具的造斜能力,也即造斜钻进时根据造斜钻具进入分支孔造斜段的长度就可确定分支孔的造斜顶角度数,通过现场多次试验,利用导向套进行小曲率偏斜时,导向套累加数为30节(最大造斜顶角为45°)时,分支孔造斜段轨迹顶角基本能够达到设计值30°。

**2. 造斜钻头**

造斜钻头主要为复合片钻头,其实物照片如图5-30所示。该复合片钻头唇面为圆弧形,由6刀翼组成,各刀翼上的复合片在排布上不处于同一等高线上,复合片回转全覆盖,钻进时通过复合片切削岩石产生进尺,钻进效率高,通过前期钻进效率统计,最高能够达到4.8m/h。

**3. 工作效率**

通过对近12个分支孔造斜段施工效率进行统计,其平均钻进效率为1.8m/h,从表5-34中可以看出,钻进效率有快有慢,这主要与地层硬度有直接关系,该地区地层岩性普遍为白云岩,局部有硅化白云岩,因此相对较硬,钻进效率相对较低。

图 5-30 复合片造斜钻头

表 5-34 造斜段工作效率统计表

| 孔号 | 造斜钻进深度(m) | 造斜钻进效率(m/h) |
| --- | --- | --- |
| NSK1-2 | 3.00 | 4.80 |
| NSK1-3 | 3.23 | 2.15 |
| NSK1-4 | 3.20 | 3.56 |
| NSK1-9 | 3.20 | 1.60 |
| NSK1-10 | 3.20 | 1.20 |
| NSK1-11 | 3.20 | 1.20 |
| NSK1-14 | 3.20 | 1.20 |
| NSK1-15 | 3.00 | 0.97 |
| NSK2-2 | 3.20 | 1.00 |
| NSK3-1 | 3.24 | 1.54 |
| NSK3-3 | 3.24 | 1.41 |
| NSK3-8 | 3.00 | 1.00 |

#### 5.5.2.2 稳斜段施工

在稳斜段钻进过程中,尝试了多种施工工艺,分别对动力源及钻具组合方式进行了相关改进,通过不断改进,最终形成了目前相对稳定的施工方式。

**1. 动力源改进**

在分支孔稳斜段施工过程中,尝试过螺杆钻具驱动及转盘驱动两种动力供给方式,现以转盘驱动方式为主。

**2. 钻具组合方式确定**

经试验最终定型的钻具组合方式为：钻杆＋柔性钻杆＋改进扶正器＋钻头。

**3. 钻进效率统计**

采用钻杆＋柔性钻杆＋改进扶正器＋钻头组合方式的钻进效率如表 5-35 所示，经统计，稳斜段平均钻进效率为 1.01m/h，作为分支孔稳斜段而言，该段钻进效率满足试验和施工要求。

表 5-35　稳斜段工作效率统计表

| 孔号 | 造斜钻进深度(m) | 造斜钻进效率(m/h) |
| --- | --- | --- |
| NSK1-14 | 32 | 0.87 |
| NSK1-15 | 32 | 0.70 |
| NSK3-7 | 27 | 1.02 |
| NSK3-8 | 27 | 0.94 |
| NSK2-2 | 32 | 1.54 |

## 5.6　关键工序质量控制

### 5.6.1　定向

测斜定向工作是指对主孔内导斜器的测斜定向和造斜钻具的测斜定向，该项工作主要由如图 5-31 所示的 JDT-6 型陀螺测斜仪配合钻柱下端的定向接头来完成。其基本原理是利用陀螺测斜仪及测斜仪下端的导向楔测出定向接头内的定向键所在的方位角，然后加以调整直至符合设计要求。

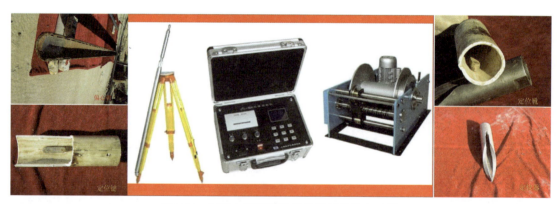

图 5-31　JDT-6 型陀螺测斜仪及相关定向工具

#### 5.6.1.1　造斜钻具定向

造斜钻具定向是指测出造斜钻具的工具面方位角与设计方位角不一致时，对造斜钻具在回转方向上进行调整,以确保造斜钻具钻进后形成的分支孔方位角为设计方位角。

该工序操作时,要求造斜钻具已经下钻至分支造斜点上方1～2m处时进行,同时要求确保后续工序连上主动钻杆后,钻具到达孔底时机上余尺满足造斜钻进段长。

该工序在定向质量控制方面需要从以下3个方面加以控制:

(1)需提前测绘计算定向接头与造斜钻具工具面角之间的角度差,并在测斜定向时加上或减去该角度值。实际生产中由于定向接头与造斜钻具连接后,接头内的定向键不在造斜钻具弯曲后形成的平面之上,因此两者之间存在径向角度差;加上或减去该角度差值取决于实际操作中观察的定向键方位超前或超后造斜钻具的弯曲方位,超前角度值与超后角度值之和为360°。

(2)需根据矿区造斜规律,在定向角度的基础上增加预扭角度值;该角度值是井下钻柱在受到扭矩应力时会发生弹性变形而产生的,因此该角度值与钻柱的长短、钻柱扭转弹性变形强度、施加的钻压、扭矩等因素均有关系。

(3)定向完成后需进行3次以上核准验证;该步骤是为了消除陀螺测斜仪的导向楔没有准确坐到定向键上带来的定向不准确的影响,在初次定向完成后进行3次以上的重复提放,角度误差在1°以内,辅助说明定向的准确性。

#### 5.6.1.2 导斜器定向

导斜器的定向工作依然由陀螺测斜仪完成,其原理及方法与造斜钻具定向一致,但由于导斜器定向完成后的架桥坐封工序需要将整个钻柱上提后猛敦下放,容易发生导斜器方位角变化和陀螺测斜仪损坏,因此与造斜钻具定向工序相比,增加了一次陀螺测斜仪下井复核导斜器方位变化是否符合要求的工作。

该工序的操作与造斜钻具定向一样,需要提前计算定向接头与导斜器工具面角的偏转角并在定向时加上或减去该角度值;定向完成后需要进行3次以上核准验证;但不需要考虑钻柱预扭角度值的影响。同时架桥坐封以后,需要测斜仪再次下井核准验证,如复测的方位角不符合要求,需要松开架桥坐封装置,重新定向并核准验证。

该工序中测斜仪第二次下井核准验证方位角度时,由于架桥坐封装置的工作特点,钻柱上端下入仪器的端口的高度位置已经发生改变,一般会高出转盘0.5～3m,部分属于高空操作,且机台施工时操作不便,因此需要采取必要措施确保陀螺测斜仪器及操作人员的安全。

### 5.6.2 立轴连接

本施工工艺中,由于需要对造斜钻具进行定向后再钻进形成分支孔,才能保证分支孔延伸的方位角符合设计需要,即采用陀螺测斜仪经定向作业后,井下钻柱相对于地层只能发生上下运动而不能发生回转运动。但在实际生产当中,由于以下几方面或其他更多原因的存在,导致现阶段仍然采用钻具连接立轴之前进行定向、定向完成之后再连接立轴并固定转盘后下放的方式进行作业。

(1)由于成本的原因,现阶段没有采用随钻测斜系统(MWD)作为钻柱定向的工具,因此测斜定向、钻柱下放及钻进不能同时进行。

(2)整个钻柱连接后再进行测斜定向,操作极为不便利,且容易导致测斜仪器的损毁。钻柱连接后由于需要预留造斜钻进的机上余尺,因此水接头距离转盘的高度通常为3.5~7m,此时若从水接头内投送测斜仪进行测斜定向作业,属于高空操作,且水接头周围不便搭设站立平台,因此给操作带来巨大难度。同时,由于陀螺测斜仪为精密仪器,通电以后不能过于倾斜或掉落,因此给仪器的安全带来隐患。

因此,需要对立轴连接这一环节实施相应的质量控制措施,确保分支孔施工角度控制的准确性。

(1)连接立轴时不得转动立轴下端钻柱。连接立轴时不得使用转盘上扣,但同时还需施加至预定扭矩,可采用大锤+扳叉敲击的方式进行连接。

(2)提动钻柱之前必须做好标记。做标记包括在立轴及钻柱上进行刻线处理和在地面预留固定物体用于对准立轴棱面等方法,但必须做到做标记之前不能使已经定向完成的钻柱发生任何转动。

(3)在回转方向固定立轴时,需要消除转盘与立轴在回转方向的缝隙。转盘、补心、立轴之间由于磨损而存在间隙,需要消除这些间隙后再固定转盘,以免钻柱在钻进过程中因为扭矩作用而贴紧了该处间隙,造成分支孔方位角减小的现象。

### 5.6.3 造斜钻进

造斜钻进阶段是指分支孔自造斜点至连续造斜完成的该孔段钻进施工,该段施工采用的关键工具是以导向套、柔性钻杆、造斜钻头及螺杆钻具组成的造斜钻具,由于该孔段本身特有的连续弯曲、小曲率半径弯曲和钻柱特有的结构复杂、强度较低、钻柱薄弱点较多、不能发生回转等原因,对该段钻进的质量控制措施体现在以下几个方面:

(1)开始钻进前需要轻放至计算孔底进行探孔,确认孔底岩屑沉积量多少,确认分支造斜点埋深是否准确,确认钻柱计算是否准确等情况,发现异常情况及时查找原因,排除干扰。

(2)钻进中严格控制钻进参数的选择。虽然分支孔轨迹控制已经被导向套的曲率半径及定向作业确定完成,但钻进参数的施加对初始弯曲度、钻进效率、轨迹是否变化均会产生影响,因此需要控制钻进参数按设计要求施加。

(3)一般情况下禁止两次定向完成该段施工。由于定向作业存在的误差可能导致导向套弯曲的方位及角度均有变化,因此建议尽量避免两次完成该段施工。

(4)造斜钻具处于该孔段之内时,任何时候均禁止转动钻柱。由于导向套具有唯一方向弯曲性能,任何的回转均可能导致导向套断裂,因此该孔段内禁止回转钻柱。如发生卡钻,可上下提动或窜动钻柱。

### 5.6.4 稳斜钻进

稳斜钻进是指分支孔造斜完成后,需要保持顶角和方位角继续钻进至分支孔设计深度的孔段施工。该段钻进采用的关键器具由稳斜钻头、柔性钻杆和螺杆钻具组成;由于该孔段具有斜孔、钻进效率低等特点,对该段钻进的质量控制措施体现在以下几个方面:

(1)严格控制钻进参数。该稳斜段钻进由于钻压传递效率低、容易形成卡钻等现象,为了维持快速、稳定的进尺状态,要求严格控制钻井参数,特别是钻压、泵量、泵压。

(2)严密监控各项表征情况,由于分支孔内容易发生断钻、卡钻等异常情况,要求操作人员严密监控各项表征情况如进尺速度、泵压变化、震动情况等,对异常情况及时准确地做出判断,并采取合理措施加以处理。

(3)做好事故预防工作。该段钻进常见井下事故为卡钻和断钻,事故预防工作主要为在下钻前勤于检查下井设备状况,下钻后严格按照操作要求实施钻进,起钻后再次检查钻柱详情。

### 5.6.5 主孔延伸钻进

主孔延伸钻进是原有主孔的孔底经分支孔施工后,主孔孔底已经变化为连续弯曲段,为实现"鱼刺形"结构的组合钻孔,需要将主孔继续以垂直状态延伸至下一个分支造斜点。该段由于孔底形状的改变,贸然下入钻具钻进可能发生卡钻事故,延伸的主孔轨迹可能受到连续弯曲分支孔孔段的影响等,因此对该段钻进提出了如下的质量控制措施:

(1)延伸主孔时必须从刚完成的分支孔造斜点上方 0.5~1m 处开始扫孔钻进形成新的主孔孔底,扫孔时严格控制进尺速度小于或等于 0.5m/h,并同时做到轻压慢转;不可直接下放至孔底,防止卡钻;转速不可过高,防止甩脱钻柱。

(2)延伸主孔时所用钻具扶正保直装置,且扶正装置间隔长度必须大于主孔内的连续弯曲段长。

### 5.6.6 分支孔测斜

分支孔测斜工作在试验阶段主要采用华北有色工程勘察院有限公司常用的机械罗盘测斜仪完成,由于该机械罗盘测斜仪精度低、能单点测斜、寿命低、工作可靠性相对较低等原因,计划在云南彝良毛坪铅锌矿帷幕注浆治水工程生产过程中采用 RET-II 型电子多点测斜仪进行测斜。

该测斜仪的测量原理为电子罗盘原理,只需要设定好唤醒时间和间隔时间即可等待开机下井测量。由于工作人员是初次使用该测斜仪器,因此测斜过程需要注意如下措施确保测斜结果的准确性:

(1)设定的唤醒时间及间隔采集时间具有合理可操作性。在唤醒时间方面,充分结合测点埋深和下钻速度方面的因素,进行合理设置,避免过长时间等待的同时满足测斜的需要;在间隔采集时间方面,满足上提或下放钻柱的时间间隔,减少无效读数给数据读取带来的干扰。

(2)测斜之前严格校正钻柱长度。根据分支孔深度及造斜点埋深,严格校正测斜钻柱长度,满足测斜需要的同时提前做好标记,为准确、快速测斜提供可靠的准备工作基础。

(3)利用秒表严格对准测点数据采集时间,并根据钻具下放位置,准确记录各时间点的测点深度,为后期测斜数据整理提供依据。

## 5.7 事故预防及处理

采用柔性钻杆作为主要工具进行超短半径造斜,实施"鱼刺形"结构的钻孔施工的工艺属于钻探新工艺,没有可查阅的资料可供借鉴参考,因此,大部分井下事故的预防及处理工作只能根据现场施工人员的经验加以实施。该工艺在河北中关铁矿区试验阶段虽暴露出部分器具设计制作的薄弱环节,也发生过诸如卡钻、断钻的井下事故,且在试验阶段均得到了解决,积累了部分该工艺的井下事故预防及处理的相关经验,但毕竟试验时间过短、具体事故具体情况存在差异性,因此需要继续不断探索总结该工艺的事故预防及处理成果,如事故的原因分析、采取的措施、使用的工具、处理的结果等。

### 5.7.1 器具薄弱点介绍

采用该工艺的主要工器具中,螺杆钻具及普通钻杆不进入分支孔内,造斜钻头及稳斜钻头结构相对简单,测斜定向工作时要么分支孔还没开始实施,要么已经实施完成,因此以上部分不易形成薄弱点而导致井下事故。

整套工器具中容易形成薄弱点的部分主要在导向套和柔性钻杆上。

#### 5.7.1.1 导向套

如图 5-32 所示,导向套由于特殊的作用要求,连接方式为前后挂钩式。为保证相邻导向套连接后不易脱开,因此采用条状挡片焊接于下端导向套的外表面。

图 5-32 导向套焊接的挡片

由于前后挂钩截面积有限,且处于单一方向摆动状态,导致了导向套连接的前后挂钩处抗拉强度、抗扭转强度较低。造斜钻具在井下工作时由于内部有柔性钻杆高速回转,因此震动强烈,导致焊接于导向套外表面的挡片焊缝容易被震开。

针对以上薄弱点,采取的事故预防措施如下:

(1)导向套进入分支孔后严禁回转,如有回转必然会导致导向套连接的前后挂钩发生断裂。

(2) 发生卡钻事故时尽量避免强力起拔，特别是超出导向套抗拉强度的强力起拔，尽量通过上下窜动的方式使钻具解卡。

(3) 做到下钻前、起钻后必须逐个检查各个导向套前后挂钩及焊接挡片，发现损坏立即修补，对焊接部位的修补需要重新开坡口进行焊接，且防止夹渣、气孔、焊不透等焊接缺陷的存在。

#### 5.7.1.2 柔性钻杆

柔性钻杆能够实现自身弯曲及密封得益于其内部的球头球座结构，能够实现扭矩传递得益于球头外圆上的花键结构，能够实现抗拉强度得益于内径小于球头直径的锁母结构，因此锁母是抵抗柔性钻杆拉力必不可少的部件。

柔性钻杆在回转过程中，首先震动非常强烈，因为它在传递扭矩和钻压的同时，还会与孔壁发生大量的碰撞。因此，在震动的作用下，锁母丝扣可能会松脱。其次，柔性钻杆发生弯曲后，球头杆将会与锁母接触，由于球头杆的摆动作用，球头杆与锁母接触位置将产生滑动摩擦作用，在该摩擦力的作用下，可能使锁母外径丝扣发生松动退扣。

综上分析，柔性钻杆由于其特殊的工作条件及结构要求，其薄弱点主要体现在锁母退扣及相邻两节柔性钻杆的球杆丝扣连接处。

针对柔性钻杆的薄弱环节，采取的主要措施如下：

(1) 做到勤检查，发现隐患，消除隐患。在钻柱下钻前、提钻后均需要注意检查各节柔性钻杆的锁母位置是否发生松动退扣现象，如发现有松动退扣现象首先检查该节柔性钻杆的密封性，密封效果达标的可采用冷焊接或重装锁紧装置的方式加以固定；密封效果不达标的在返厂维修好之前不得再次入井工作。

(2) 合理选择并维持钻进状态、控制纯钻时长。经前期试验证明，钻柱处于较高进尺效率状态时柔性钻杆不易出现锁母退扣的情况，反之则易出现锁母松动退扣。同时锁母退扣虽无明显征兆，但一般时长较长，因此控制钻柱下井后的纯钻时长一般不大于3h，可有效预防锁母退扣导致的断钻事故。

(3) 选择合适的螺杆钻具，禁止采用转盘回转钻柱。保持钻柱受到的扭矩始终小于柔性钻杆额定扭矩。

(4) 拆卸柔性钻杆时严禁强力敲打柔性钻杆丝扣部位。由于柔性钻杆材料硬度较大，脆性较大，强力敲打容易导致裂纹，形成事故隐患。

### 5.7.2 易发事故类型介绍

该工艺根据钻孔结构特点及工器具结构特点，易发的井下事故主要包括卡钻及断钻两种。

#### 5.7.2.1 卡钻

卡钻事故在造斜孔段及稳斜延伸孔段均可能发生，卡钻后呈现出的特点往往是回转遇阻、冲洗液循环遇阻、上下钻柱遇阻。原因一般包括分支孔壁掉块进入柔性钻杆外径较小部分导致卡钻,柔性钻杆因为弯曲憋劲导致卡钻等。

处理该类事故时一般因为螺杆被憋住,不能送通冲洗液,采取的措施是上下窜动钻柱,使窜动量逐渐增大直至解卡。如上下方向上均没有窜动量时,可采取大于钻柱总质量1~2t的上提力提住钻柱后猛然下放的方式冲击钻柱实现上下窜动。

处理该类事故时要尽量避免超过柔性钻柱强度的强力起拔和超出柔性器具许可范围的扭力回转,尽量保持冲洗液循环。

#### 5.7.2.2 断钻

断钻根据断口位置可分为锁母松动退扣后柔性钻柱断钻和柔性钻柱受到强力扭转导致薄弱环节断裂断钻。

在处理断钻事故时,保持尽快原则,尽快处理,同时尽量避免强力起拔,尽量恢复冲洗液循环。在处理工具方面可参考本工艺在中关试验期间如图5-33所示的捞取落鱼时制作的捞筒,结合落鱼鱼头尺寸精密加工打捞工具。

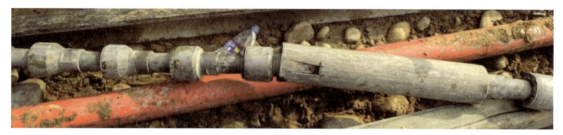

图 5-33 柔性钻杆断钻捞取工具

### 5.7.3 事故处理案例

中关试验期间的9月10日下午14:30,分支孔施工处于分支孔稳斜钻进阶段,在钻柱发生两次剧烈震动后突然处于不进尺状态,起钻检查发现柔性钻杆出现多处锁母松动退扣现象,其中一处锁母完全退扣,导致柔性钻杆断开。具体详情如表5-36所示。

表 5-36 中关试验 9 月 10 日断钻详情表

| 落鱼鱼头埋深 | 125.45m | 分支孔造斜点埋深 | 122.68m |
| --- | --- | --- | --- |
| 断钻原因 | 锁母松动退扣 | 分支孔深度 | 12.9m |
| 落鱼是否到底 | 是 | 冲洗液类型 | 稀泥浆 |
| 断钻时状态 | 进尺,0.7m/h | 回转扭矩来源 | 转盘 |
| 钻压 | 1.2t | 转速 | 40r/min |
| 鱼头柔性钻杆类型 | 球杆加长型 | 井内剩余钻杆 | 10.13m |

分析认为,导致该次断钻的原因有两个方面,一是采用转盘作为回转动力来源,扭矩过

大,钻柱回转过程中震动过大;二是柔性钻杆本身存在设计或安装缺陷,导致容易发生锁母松动退扣。

本次断钻后,根据鱼头的柔性钻杆类型特点,制作了打捞筒,焊接于断开位置的上端,经4次下入井内将断为2节的落鱼全部打捞出井。本次制作的打捞筒详细结构参数如表5-37所示。

**表5-37 试验阶段柔性钻杆打捞筒结构参数表**

| 外径 | 108mm | 内径 | 100mm |
|---|---|---|---|
| 外长度 | 0.6m | 内长度 | 0.54m |
| 棘片长度 | 6cm | 棘片宽度 | 窄2.5cm、宽3cm |
| 棘片与端面距离 | 2.5cm | 棘片收缩量 | 1cm |

本次断钻后冒雨进行处理,耗时约10个小时,上下钻柱4个趟次,因此处理比较及时。所做工具根据鱼头位置具有部分外径缩小的特点,加工了下端含有棘片倒矛的打捞筒,具有非常强的针对性,因此打捞效果比较理想。但根据打捞后打捞筒的外观分析认为还存在以下几点需要进一步细化:①棘片及打捞筒强度需要提高。②打捞筒长度可根据鱼头规格进一步缩短。

## 5.8 小结

注浆工程钻探工艺研究主要包括矿山帷幕注浆工程钻探工艺和矿山地表井巷钻探技术研究两个方面,主要在以下方面取得重要成果:

(1)通过小口径受控定向注浆分支孔的试验研究,认为采用HXY-5型钻机及配套器具施工小口径注浆分支孔是可行的。

(2)通过小口径受控定向注浆分支孔试验中造斜试验可以发现,造斜时选用的螺杆钻具及配套钻杆、钻头等器具应在主孔口径的基础上降低级配才能取得良好效果。

(3)结合受控定向分支钻孔轨迹的理论设计,采用大口径定向分支孔施工工艺,准确设计了分支孔轨迹,实施钻孔能够顺利进入设计靶区,并在550m注浆顶板位置左右成功降斜。

(4)确定了大口径定向分支孔施工设备,包括钻探设备、定向设备及其他辅助工器具。

(5)确定了分支孔造斜段钻进与注浆施工的相关工艺问题,获得了设计、定向、造斜、稳斜等一系列完整的施工工艺。

(6)通过工艺改进形成的本项大口径受控定向分支孔施工工法,能够精确控制钻孔的偏斜范围,使钻孔轨迹保持在设计范围以内,不受矿体磁场和地层复杂变化的影响,减少了非注浆段的辅助钻探工作量,有效缩短了施工工期、降低了矿山投资,取得了良好的经济效益和社会效益。

# 6 帷幕注浆工程自动化控制技术研究

## 6.1 制浆、注浆自动化系统

### 6.1.1 技术背景

在以往的矿山帷幕注浆工程中极少采用先进的设备来提高生产效率和计量精度,多是利用人工制作浆液来控制浆液质量;在注浆过程中也是人工计量注浆流量、压力等参数;材料用量和注浆资料的整理是在这些资料的基础上进行的,出现资料混乱和错误的可能性很大。

以往矿山帷幕注浆施工工艺流程见图6-1。

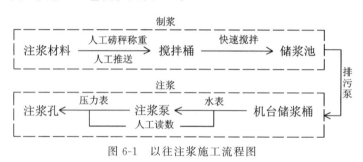

图6-1 以往注浆施工流程图

由工艺流程图6-1可以看出,注浆施工过程中材料输送计量和注浆施工数据记录均采用人工,而这两项正是直接影响施工质量的关键环节。

浆液的配置应该严格按照设计配方执行,在计量上必须准确,以保证配置浆液的质量和性能,从而确保浆液在含水岩体的岩溶裂隙中顺利扩散,达到设计的扩散半径和搭接范围,形成满足厚度要求的帷幕体。采用人工控制材料的计量受到员工自身素质、疲劳度以及精神集中力的影响,也许短期内出现差错的情况不多,但在长期施工过程中,概率再小也会汇集成较大的问题,最终可能影响整个工程质量。

注浆施工是帷幕注浆施工的关键环节,注浆压力和浆液流量是反映注浆施工的主要数据,能够体现注浆施工的全过程。但是采用人工读取流量和压力的数据仅仅能够得到某一时间点的单个数据,且这一数据还要代表某一时间段的平均值,整个注浆过程也就无从谈到监控,过程中的异常情况无法得到体现,对于整个工程施工质量来说存在较大隐患。

矿山帷幕注浆中注浆材料主要为粉末状的水泥、膨润土、粉质黏土、粉煤灰和细小颗粒的细沙、尾矿砂等,而所配置的浆液必须具有很好的流动性和较长的初凝时间,这些为我们改进和完善制浆注浆系统提供了条件。

### 6.1.2 材料计量设备

在材料计量方面我们引进了电阻应变式称重传感器。电阻应变式称重传感器原理是:弹性体(弹性元件、敏感梁)在外力作用下产生弹性变形,使粘贴在其表面的电阻应变片(转换元件)也随之产生变形,电阻应变片变形后,它的电阻值将发生变化(增大或减小),再经相应的测量电路把这一电阻变化转换为电信号(电压或电流),从而完成了将外力变换为电信号的过程。

称重传感器是压力测量传感器,常用于静态测量和动态测量,具有较好的精度。它的机械部分由一整块的金属组成,所以这个基本的测量元件和它的外壳部分没有焊接过程,从而使尺寸更小,并且加强了保护等级。这种点部测量的结构,具有 8 个压力测量,减少因负载的不完善应用带来的误差。并联的称重元件典型应用于储藏箱、加料斗、大的称重平台。

### 6.1.3 材料输送设备

由于采用的注浆材料多数为微小颗粒的固体,材料的输送选择输送机。

输送机是在一定的线路上连续输送物料的物料搬运机械,又称连续输送机。输送机可进行水平、倾斜和垂直输送,也可组成空间输送线路。输送线路一般是固定的。输送机输送能力大,运距长,还可在输送过程中同时完成若干工艺操作,应用广泛。

输送机主要由机架、输送皮带、皮带辊筒、张紧装置、传动装置等组成。机身采用优质钢板连接而成,由前后支腿的高低差形成机架,平面呈一定角度倾斜。机架上装有皮带辊筒、托辊等,用于带动和支撑输送皮带,有减速电机驱动和电动滚筒驱动两种方式。

一般根据物料搬运系统的要求、物料装卸地点的各种条件、有关的生产工艺过程和物料的特性等来确定各主要参数。

(1)输送能力。输送机的输送能力是指单位时间内输送的物料量。在输送散状物料时,以每小时输送物料的质量或体积计算;在输送成件物品时,以每小时输送的件数计算。

(2)输送速度。提高输送速度可以提高输送能力。在以输送带作牵引件且输送长度较大时,输送速度增大,但高速运转的带式输送机需注意振动、噪声和启动、制动等问题。对于以链条作为牵引件的输送机,输送速度不宜过大,以防止增大动力载荷。同时进行工艺操作的输送机,输送速度应按生产工艺要求确定。

(3)构件尺寸。输送机的构件尺寸包括输送带宽度、板条宽度、料斗容积、管道直径和容器大小等。这些构件尺寸都直接影响输送机的输送能力。

(4)输送长度和倾角。输送线路长度和倾角大小直接影响输送机的总阻力和所需要的功率。

因此,在中关铁矿工程中,细小颗粒的材料我们采用螺旋输送机输送,颗粒较大且湿度也较大的材料则采用皮带式输送机。

### 6.1.4 注浆流量数据读取仪器

在矿山帷幕注浆中配置浆液必须严格按设计要求进行,配制的浆液必须具有较好的流动性、一定的稠度以及按设计要求的胶凝时间,浆液形成后的结石要有一定的强度。根据这一特点,对注浆施工中流量的测量采用电磁流量传感器。

流量传感器是测量单位时间内流经管道某截面的流体体积或质量的传感器,电磁流量计是根据法拉第电磁感应定律制成的一种测量导电性液体的仪表。优点:①测量通道是段光滑直管,不会阻塞,适用于测量含固体颗粒的液固二相流体,如纸浆、泥浆、污水等;②不产生流量检测所造成的压力损失,节能效果好;③所测得体积流量实际上不受流体密度、黏度、温度、压力和电导率变化的明显影响;④流量范围大,口径范围宽;⑤可应用腐蚀性流体。缺点:①不能测量电导率很低的液体,如石油制品;②不能测量气体、蒸汽和含有较大气泡的液体;③不能用于较高温度下测量。

### 6.1.5 注浆压力数据读取仪器

注浆压力是注浆施工中的主要参数,是高压注浆泵给予浆液的扩散动力,影响着浆液扩散的范围,必须全程监控注浆压力。但是浆液的流动性也造成了注浆液力是即时变动的,人工读取注浆压力的随机性较大,无法体现整个过程的压力变化。

根据浆液特性,选择压阻式压力传感器进行注浆压力的全过程监控。

压力传感器是将压力转换为电信号输出的传感器,一般由弹性敏感元件和位移敏感元件(或应变计)组成。弹性敏感元件的作用是使被测压力作用于某个面积上并转换为位移或应变,然后由位移敏感元件或应变计转换为与压力成一定关系的电信号。目前,应用最为广泛的是压阻式应变压力传感器,它具有极低的价格、较高的精度以及较好的线性特性。

压阻式应变压力传感器主要由电阻应变片按照惠斯通电桥原理组成。电阻应变片是一种将被测件上的应变变化转换成为一种电信号的敏感器件。它是压阻式应变压力传感器的主要组成部分之一。通常是将应变片通过特殊的黏合剂紧密地黏合在产生力学应变的基体上,当基体受力发生应力变化时,电阻应变片也一起产生形变,使应变片的阻值发生改变,从而使加在电阻上的电压发生变化。这种应变片在受力时产生的阻值变化通常较小,一般这种应变片都组成应变电桥,并通过后续的仪表放大器进行放大,再传输给处理电路(通常是 A/D 转换和 CPU)显示。

### 6.1.6 自动化制浆注浆系统应用

采用以上先进的电子计量仪器后,矿山帷幕注浆施工流程如图 6-2 所示。

由图 6-3 至图 6-7 可以看出,完善后的注浆制浆系统在影响施工质量环节均采用了电脑控制,精确的电子计量避免了人为造成的计量误差,让浆液的配置和注浆施工得到全过程记录和控制。在中关铁矿帷幕注浆工程中,该系统得到了很好的应用,为工程的施工质量提供了保证,也节约了大量劳动力,同时整个系统处于全封闭状态,保护了施工场区环境,避免了粉尘对场区环境的污染。

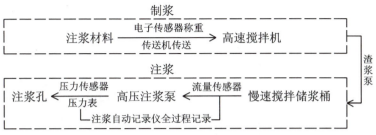

图 6-2　全自动注浆制浆工艺流程图

图 6-3　完善的制浆注浆站

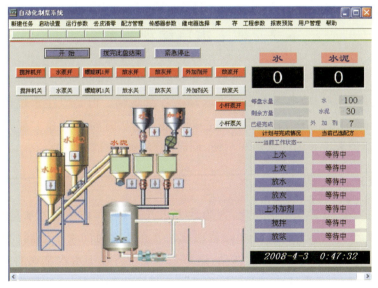

图 6-4　自动化制浆控制系统操作界面

图 6-5 自动化制浆控制系统控制柜

图 6-6 注浆自动记录仪

图 6-7 整洁有序的注浆站

## 6.2 地下水自动观测系统

帷幕注浆工程观测孔地下水位监测是保证矿山生产安全的重要手段,为防止矿坑突然涌水,保证矿山的安全生产,应加强矿山地下水动态连续观测。但是以往水位数据全为人工定期进行监测,很显然上述工作如果是人工完成的话无论从时间和资金上都将造成很大的浪费,给测量和控制带来了一定的麻烦和不便,同时也容易出差错。

### 6.2.1 技术研究基础

由于雨季、旱季降雨量大小的变化,人为地下水开采活动,以及地下水自身存在的补给、径流、排泄三大环节,因此,地下水的水位是动态的。在不同时间由于不同的因素影响,同一位置的地下水会产生一定幅度的水位波动,这就是需要进行地下水水位观测的原因。地下水水位观测数据是评价一个地区或一个矿区地下水流场变化的依据,它的异常是对环境水资源进行保护的前提。

地下水的动态变化在水位以下的同一标高处必然产生压力差异,通过这一特点,利用无线信号传递出由此产生的压力异常就能准确地获得水位变化的数据。

## 6.2.2 无线远程地下水位观监测系统原理

无线远程地下水位观监测系统原理见图 6-8。

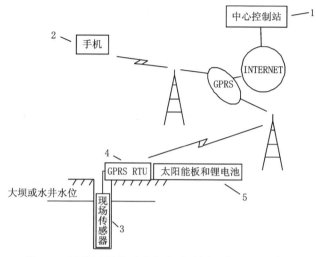

图 6-8 无线远程地下水位自动监测系统原理示意图

在现场设有对水位等水文数据采集的现场传感器(3),现场传感器(3)通过电缆和 GPRS RTU(4)连接,GPRS RTU(4)内置 CPU 模块、数据存储模块、控制模块和 GPRS/CDMA 数据通信模块,并设有锂电池和太阳能板(5)供电装置,构成野外遥测站;GPRS RTU(4)通过 GPRS 网络无线模块将水位数据传输到可对数据进行检查、存储等处理的中心控制站(1),中心控制站(1)和手机(2)无线连接,且都设有相应的水位监控软件。

## 6.2.3 无线远程地下水位自动监测装置

本系统分 3 个部分(图 6-9):第一部分为太阳能供电系统,第二部分为 GPRS 网络信号测控系统,第三部分为中心远程计算机软件程序处理系统。第一部分和第二部分组成一个节点,再与第三部分组成多对一的关系,即一个计算机软件程序处理系统可以采集来自多个 GPRS 网络节点的水位信号。第一部分太阳能供电系统工作原理为单晶硅太阳能板将天然阳光通过太阳能发电转换模块将太阳能转化为电能,然后通过微电脑充电电路将电能存储进锂电池中,为 GPRS 信号测控系统提供稳定的 12V 电源。系统考虑了太阳能充电过程中的过充电与过放电保护电路设计,当锂电池电源充满电后,系统能够自动停止充电;当锂电池电量低于安全容量时,系统能够自动断电并进行充电工作。第二部分 GPRS 网络测控系统工作原理为将采集到的 4~20mA 水位计电流信号通过 GPRS 电路转换为微电压信号,然后再通过 A/D 采集电路转换成数字信号,再通过 GPRS 网络的数字/GPRS 网络信号转换成 GPRS 网络信号,以便传送到远程计算机程序上。第三部分中心远程计算机软件程序处理系统工作原理为,GPRS 信号通过以太网和花生壳域名解析传输到局域网的计算机系统上,通过无线远程水位测控系统软件将 GPRS 网络信号转换成数字信号并存储到数据库中,以供程序系统打印和浏览水位波动情况。

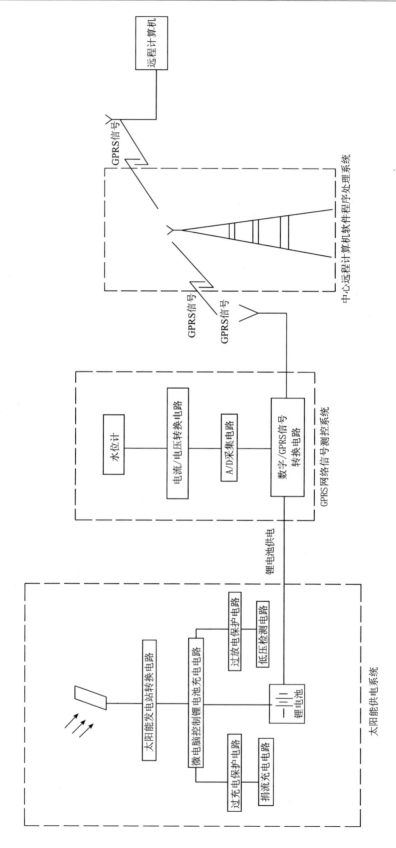

图6-9 无线远程地下水位自动监测装置组成

该系统工作方法如下：

(1)通过现场传感器进行水位等近似水文数据的采集。

(2)利用 GPRS RTU 将采集的水位数据通过 GPRS 网络传输至中心控制站,利用太阳能板和锂电池进行现场电力的储存和提供;由中心控制站对数据进行检查、存储等处理;中心控制站和手机无线连接。

(3)手机和中心控制站安置在异地任意地点,利用监控软件进行监测。

该系统的优点有:实现水位全面自动观测,保持长期连续自动记录数据和固态数据存储,数据准确、及时、快速;降低职工劳动强度,降低了水位监测成本,提高了资料整编质量。

该系统的应用确保了对矿山地下水动态变化的全程监控,为矿山地下水动态变化和流场建立提供了真实、准确、及时的数据基础。

## 6.3 黏土混合浆液制浆工艺及设备

### 6.3.1 研究目的

在掌握黏土及其混合浆液的基本性能、改进浆液制备工艺的条件下,制约现场生产的主要问题为浆液制备效率不高。为了保证混合浆液制备满足工业化生产要求,研究人员针对影响浆液制浆效率的主要环节机械设备进行了升级改造,结合现有制浆工艺,形成了系统完善的混合浆液制备工艺,并制造了设备。

### 6.3.2 研究内容

本项研究旨在提供一种混合注浆液现场自动制备系统,整个系统计算机全自动化控制,配料、制浆、搅拌、输送均由计算机自动控制完成;该系统制浆效率高,浆液配比精准,材料计量准确,使用它能满足大型矿山帷幕注浆和水利防渗的混合浆液的制备要求,能及时提供多个不同配比浆液,实现了浆液的现制现用,不受浆液储存场地和设备的限制,避免了浆液的浪费;减少了设备的用量和设备材料的消耗,浆液搅拌更均匀;系统操作简便,单人可独立完成,节约人力物力,保障注浆效果,大大提高了经济效益及社会效益;用途广,尤其适合矿山帷幕及水利防渗注浆。

主要技术方案:一种混合浆液现场自动制备系统,由计算机自动制浆软件和外部硬件设备组成。其特征在于:外部硬件设备包括称量及加料设备、浆液搅拌设备和浆液输送设备,所述浆液搅拌设备的结构包括搅拌罐,抽吸及射流水泵通过进浆管和出浆管和搅拌罐内腔相连;外部硬件设备与中心控制设备通信联接,配电控制,使信号精准传递,对设备准确控制,单人能独立完成浆液的连续制备。中心自动控制设备的计算机根据所需浆液配置比例和所对应的储浆器向外部硬件设备发出控制指令信号,外部硬件设备在中心自动控制设备的指令下完成浆液的制备工作。

计算机自动制浆软件为整个自动混合浆液制备系统的核心,其结构为配方设定模块、数据采集模块、数据处理模块和控制输出模块。工作流程包括运行参数、任务设置、启动控制和数据输出 4 部分内容。运行参数部分主要是根据不同材料的性质和外部制浆设备性能,对外部各制浆设备的运行情况进行控制,包括报表设置、料仓设置、落差设置、震动设置、使用调整和运行时序。任务设置部分主要是根据工程的需要进行混合浆液的配方设置和工作量的设置。启动控制部分为在设备自动运行过程中,可随时进行人工手动干预,也可完全采用手动控制和遇事紧急停止;此部分主要包含放料控制、放浆控制、手动控制和紧急停止。数据输出部分是对工程施工过程中每盘浆液的制浆起止时间和材料用量的记录,工程管理人员可随时查阅每个时期的材料用量数据。完成运行参数和任务设置后,随即启动运行设备。

### 6.3.3 具体实施方式

混合注浆液现场自动制备系统计算机软件由配方设定模块、数据采集模块、数据处理模块和控制输出模块构成(图 6-10)。设定多个不同浆液配方后,由数据处理模块将信息发送至控制模块,控制模块负责对命令的执行,操作外部系统进行连续精准的浆液配置和输送。

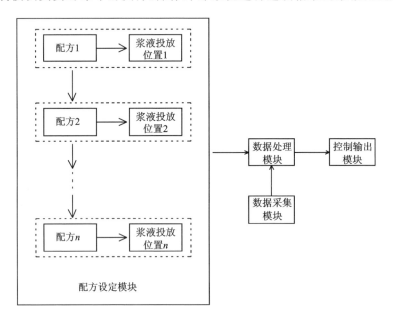

图 6-10　计算机软件结构示意图

其工作运行流程由运行参数、报表设置、料仓设置、落差设置、震动设置、使用设置、运行时序、任务设置、配方设置、工作量设置、启动控制、放料控制、放浆控制、手动控制、紧急停止、设备运行、数据输出组成(图 6-11)。

以水泥-黏土混合浆液为例说明本发明的工作过程如下:工作要求为对两个孔同时进行注浆,需两种不同配比的混合浆液。通过配方设定模块进行设置,即任务设置(8),包含配方设置(9)和工作量设置(10)。a. 水(kg):水泥(kg):黏土基浆(kg)配比为 200:100:300→注浆孔 k1;b. 水(kg):水泥(kg):黏土基浆(kg)配比为 200:200:300→注浆孔 k4。

完成配方设定模块的工作后,对数据采集模块进行各项参数的设置,以便较好地采集数

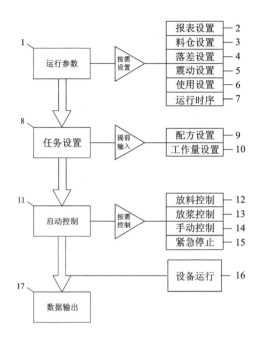

图 6-11 计算机软件工作流程图

据。数据采集模块的工作为在各个称重料仓上都装有称重传感器,通过称重传感器(31—34)采集质量数据传送至称重仪表(35—38),称重仪表变换成 485 信号,汇总至信号转换器(39);信号转换器将 485 信号转换成 232 信号反馈回控制计算机软件(40,数据处理模块),完成数据采集的过程(图 6-12)。

控制输出模块分为 3 部分:运行参数(1)、启动控制(11)和数据输出(17)。运行参数:根据工程的需要对其进行设置,其中包括报表设置(2)、料仓设置(3)、落差设置(4)、震动设置(5)、使用设置(6)和运行时序(7)。启动控制:计算机发出指令通过继电器模块(41)和控制柜接触器(42)控制外部的上料设备(43)、放料设备(44)和放浆阀门(45)(图 6-12)。数据输出:数据输出为自动记录每盘搅拌浆液的起止时间和所有的材料用量并生成报表。

整个系统由内部软件和外部硬件设备共同完成制浆任务。设备运行(16)主要是外部设备的运行(图 6-13)。

外部各个设备与自动控制系统通信联接,根据自动控制系统所发出的指令信号进行相应的工作。各种材料从储存罐(储水池)(18—21)传送至各种材料的称重仓(22—25);称重仓根据自动控制系统发出的各个材料配比质量的指令信号进行准确的称量并投放到浆液搅拌及输送设备(26);浆液搅拌及输送设备(26)为同一设备,在规定的时间内将各种材料充分搅拌均匀后根据指令信号将制备完好的浆液输送至指定的小型储浆器(27—29)。如此循环完成制浆过程。

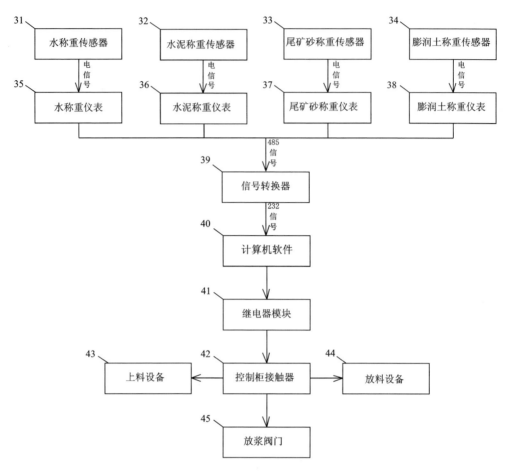

图 6-12 电路框图

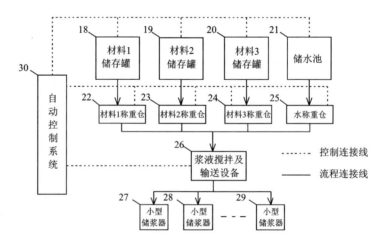

图 6-13 外部设备示意图

## 6.4 小结

通过注浆工程自动化控制技术研究,在制浆、注浆自动化方面,地下水位自动化观测方面和改性黏土浆液制备工艺及设备研发方面取得重要成果:

(1)完善后的注浆制浆系统在影响施工质量环节均采用了电脑控制,精确的电子计量避免了人为造成的计量误差,让浆液的配置和注浆施工得到全过程记录和控制。

(2)地下水位自动观测系统的研究成果确保了对矿山注浆帷幕观测系统地下水动态变化的全程监控,为矿山地下水动态变化和流场建立提供了真实、准确、及时的数据基础。

(3)通过设备研发改进,能够连续同时供应多个配比的混合浆液,此设备制备的浆液配比精准,配送位置准确,制浆能力完全自动化控制,单人能独立完成浆液的连续制备。本系统实现了浆液的现制现用,避免了浆液的浪费,系统操作简便,单人可独立完成,节约人力物力,保证了浆液质量,大幅提高了经济效益及社会效益。

# 7 新型注浆研究与应用

## 7.1 黏土材料研究

### 7.1.1 颗粒组成

为了了解不同潜在黏土材料的物理性能指标,评判它能否作为注浆材料使用,对潜在浆液材料样品分别进行了外检试验,试验项目主要包括颗粒组成、液塑限测试、含砂量、有机质含量等以确定样品是否为合格的注浆材料。

目前对各类土质已经外检了6批次,颗粒组成见表7-1。从表中可以看出,2—6号样中粒径小于0.075mm的均大于50%,按照《岩土工程勘察规范》(GB 50021—2001)中相关规定,这几个样品属于黏土范畴。1号样煤泥颗粒粒径较大,无法进行颗粒组成分析,因此没有对它进行试验(图7-1),分析认为它不符合黏土性质,从颗粒组成上进行排除;3号样强风化泥岩为原始状态(图7-2),2号样强风化泥岩经过研磨过筛;4号样为4号市(昭通市)所取的灰褐色黏土(图7-3),5号样为5号附近采石场红黏土(图7-4);6号样为采石场往北8km处红色黏土(图7-5)。

表 7-1 颗粒成分表

| 土样编号 | 颗粒组成 | | | | | 黏粒分析 | | | | 备注 |
|---|---|---|---|---|---|---|---|---|---|---|
| | 卵石 | 砾石 | 砂 | | | 粉粒 | 黏粒 | | 胶粒 | |
| | >20.0 mm (%) | 2.0~20.0 mm (%) | 0.5~2.0 mm (%) | 0.25~0.5 mm (%) | 0.075~0.25 mm (%) | 0.050~0.075 mm (%) | 0.005~0.050 mm (%) | 0.002~0.005 mm (%) | <0.002 mm (%) | |
| 1 | | | | | | | | | | 煤泥 |
| 2 | | | | | | 21.8 | 46.8 | | 31.4 | 强风化泥岩 |
| 3 | | | 1.7 | 5.3 | 9.0 | 35.9 | 30.8 | | 17.3 | |
| 4 | 1.43 | 7.57 | 5.0 | 0.93 | | 85.07(<0.075mm) | | | | 4号黏土 |
| 5 | 0.27 | 1.73 | 3.17 | 0.83 | | 94.0(<0.075mm) | | | | 5号黏土1 |
| 6 | 0.13 | 1.35 | 3.24 | 0.28 | | 95.0(<0.075mm) | | | | 5号黏土2 |

# 7 新型注浆研究与应用

图 7-1　1 号样

图 7-2　3 号样

图 7-3　4 号样

图 7-5　6 号样

图 7-4　5 号样

## 7.1.2 塑性指数分析

塑性指数在一定程度上综合反映了影响黏性土特征的各种重要因素，塑性指数愈大，表明土的颗粒愈细，比表面积愈大，土的黏粒或亲水矿物含量愈高，土处在可塑状态的含水量变化范围就愈大。根据表7-2可知，所有批次黏土的塑性指数均大于10，结合颗粒组成分析，按照《岩土工程勘察规范》(GB 50021—2001)中"黏性土应根据塑性指数分为粉质黏土和黏土，塑性指数大于10，且小于或等于17的土，应定名为粉质黏土；塑性指数大于17的土应定名为黏土"的相关规定，可以认为4—6号土样为黏土；1—3号土样为粉质黏土。

表7-2 液限、塑限测试结果统计表

| 土样编号 | 液限(%) | 塑限(%) | 塑性指数 |
|---|---|---|---|
| 1 | 28.8 | 19.2 | 9.6 |
| 2 | 31.8 | 21.8 | 10.0 |
| 3 | 35.5 | 20.4 | 15.1 |
| 4 | 70.9 | 36.8 | 34.1 |
| 5 | 76.9 | 41.2 | 35.7 |
| 6 | 65.9 | 42.7 | 23.2 |

综合颗粒组成指标分析，为保证黏土及其混合浆液各项性能指标优越，因此选择黏土作为本次研究对象。

## 7.1.3 有机质含量研究

黏土作为沉积产物，其有机质含量的大小决定了后期混合浆液结石体的耐久性，为此，对4—6号黏土进行了有机质含量的测定(表7-3)。根据相关规定，作为浆液材料，黏土中有机质含量不得大于3%。

表7-3 有机质含量统计表

| 样品号 | 有机质含量(%) |
|---|---|
| 4 | 1.50 |
| 5 | 1.40 |
| 6 | 1.64 |

通过表7-3可知，以上3种黏土的有机质含量均小于3%，对后期混合浆液结石体的耐久性影响较小。

## 7.1.4 浆材综合确定

通过上述黏土各项指标综合分析，4—6号土样都为黏土，都可以作为本次试验工程的浆材,且黏土储量较为丰富,可以满足本工程的需求,因此这3种黏土可以作为本次注浆所选用的浆材。通过对这4号和5号黏土制备原浆分析,从宏观上讲,4号黏土浆呈灰褐色,造浆率高,稠度较大,黏性较好,含砂量较低;5号黏土浆呈红色,造浆率相对较低,稠度较大,黏性较好,含砂量较高(图7-6)。

4号黏土浆

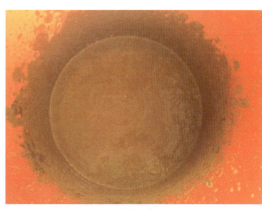
5号黏土浆

图7-6 两种黏土浆液

## 7.2 实验室混合浆液性能研究

通过浆材确定,最终选取黏土作为研究对象,成立了现场浆液研究试验室(图7-7),对原浆、混合浆液性能做了相关试验并进行了对比,为后期现场施工浆液配比提供数据支持。

图7-7 现场浆液研究试验室

为使浆液结石体能够达到所需强度值,在浆液中需要加入一定量水泥。另外,本次试验要求浆液扩散半径尽量大,但同时要控制浆液扩散半径,使得达到设计要求后能够尽快凝固,因此混合浆液中采用水玻璃作为添加剂。

## 7.2.1 原浆含砂量

黏土的含砂量决定着黏土质量的好坏,因此,我们对两种黏土初步过滤后进行了含砂量测定,测定结果见表 7-4,部分结果见图 7-8。

表 7-4 含砂量测试结果统计表

| 类别 | 含砂量(%) | | |
|---|---|---|---|
| | $\rho=1.05 \text{g/cm}^3$ | $\rho=1.10 \text{g/cm}^3$ | $\rho=1.15 \text{g/cm}^3$ |
| 4 号 | 0.5 | 0.8 | 1.0 |
| 5 号 | 1.5 | 2.0 | 3.0 |

4号黏土

5号黏土

图 7-8 两类黏土含砂量

通过试验结果可以看到,由于黏土种类不同,含砂量有较大差异。4 号黏土颗粒较细,黏粒含量较高,含砂量较低,含砂量在 0.5%~1.0%之间;而 5 号黏土表层覆盖有树木、庄稼、草类等植物,更能称其为壤土,含砂量相对较高,在 1.5%~3.0%之间。对于相同密度的两种黏土基浆,5 号黏土基浆含砂量基本为 4 号黏土基浆含砂量的 3 倍左右。

## 7.2.2 原浆流动性、塑性黏度

浆液的流动性及塑性黏度反映了浆液的稠度,间接反映了基浆中黏粒含量的多少,对注浆效果起着至关重要的作用。对此,我们对上述两类黏土分别测试了流动性和塑性黏度(表 7-5、表 7-6),并绘制了流动性和塑性黏度与密度之间关系的曲线图(图 7-9、图 7-10)。从图 7-9 和图 7-10 中可以看出,流动性和塑性黏度值都随着密度的增加而增大,但从增加幅度看,无论是流动性还是塑性黏度,4 号黏土都比 5 号黏土的值略大,且增长较快。

表 7-5　流动性测试结果统计表

| 类别 | 流动性(s) | | |
|---|---|---|---|
| | $\rho=1.05\text{g/cm}^3$ | $\rho=1.10\text{g/cm}^3$ | $\rho=1.15\text{g/cm}^3$ |
| 4 号 | 15.83 | 17.31 | 22.58 |
| 5 号 | 15.67 | 17.15 | 22.29 |

表 7-6　塑性黏度测试结果统计表

| 类别 | 塑性黏度(MPa·s) | | |
|---|---|---|---|
| | $\rho=1.05\text{g/cm}^3$ | $\rho=1.10\text{g/cm}^3$ | $\rho=1.15\text{g/cm}^3$ |
| 4 号 | 2 | 6 | 12 |
| 5 号 | 2 | 6 | 8 |

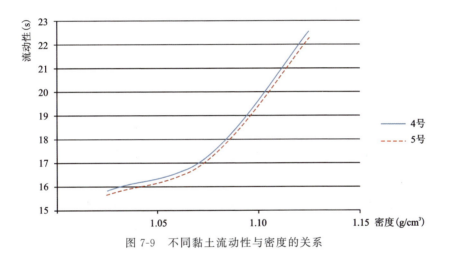

图 7-9　不同黏土流动性与密度的关系

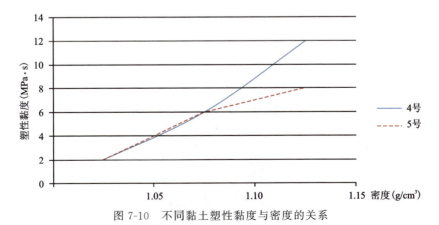

图 7-10　不同黏土塑性黏度与密度的关系

分析上述结果可知,土粒在水中沉积时,基本是以单个土粒下沉,且下沉速度较慢,当碰上已沉积的土粒时,由于它们之间的相互引力大于其重力,因此土粒就停留在最初的接触点上不再下沉,逐渐形成土粒链,悬浮于水中,具体形态见图7-11,使得宏观上黏土浆液悬浮性好,黏度值较高。由于5号黏土含砂量稍高,使得黏粒含量相对较少,但从数据上看,二者流动性及塑性黏度基本类似,5号黏土稍逊于4号黏土,两者都可以作为浆材使用。

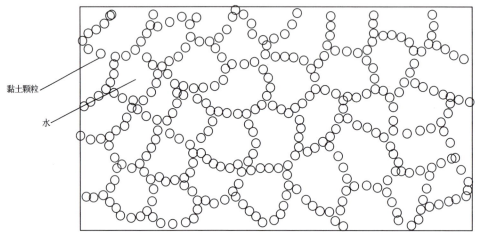

图7-11 土粒在水分中的悬浮状态

### 7.2.3 混合浆液流动性

改性黏土水泥混合浆液的漏斗黏度可以直观地反映现场浆液流动特性,根据试验室对其漏斗黏度的测定,从而选取适合现场的浆液配比。由于本工程所注地层裂隙小、透水性弱,所注浆液应以低稠度、稳定性好为主。针对本次试验,研究上限以滴流或者流动时间长为标准,黏土密度选取 $1.05g/cm^3$、$1.10g/cm^3$、$1.15g/cm^3$ 3个标准,水泥密度选定为 $50kg/m^3$、$75kg/m^3$、$100kg/m^3$、$125kg/m^3$、$150kg/m^3$、$175kg/m^3$、$200kg/m^3$、$250kg/m^3$,由于本次试验以浆液扩散半径尽量大为原则,因此水玻璃一律按水泥添加量的3%选择。试验所用测试仪器为马氏漏斗,见图7-12。

图7-12 流动性测试仪器

通过对不同配比的混合浆液流动性测定,得到表7-7,并获得了不同配比下的流动性曲线图(图7-13)。从表7-7和图7-13中可以看出,4号黏土随着水泥及黏土浆密度的增加,流动性在稳步增长,而5号黏土随着水泥及黏土浆密度的增加,流动性大体趋势在增长,但中间稍有不规则数据的出现,究其原因,主要是由于5号黏土含砂量偏高,黏土浆稳定性稍差,导致黏土浆密度受其影响,从而使得流动性、稳定性稍差,流动性普遍比4号黏土流动性小。从表7-7中可以看出由于含砂量的原因,5号黏土浆液配比范围较广。

表 7-7 混合浆液流动性统计表

| 黏土浆密度 (g/cm³) | 加入水泥 (kg/m³) | 加入水玻璃 (L/kg) | 4号黏土流动性 (s) | 5号黏土流动性 (s) |
| --- | --- | --- | --- | --- |
| 1.05 | 50 | 1.50 | 17.03 | 16.84 |
|  | 100 | 3.00 | 17.57 | 17.64 |
|  | 150 | 4.50 | 18.05 | 18.44 |
|  | 200 | 6.00 | 18.38 | 19.15 |
|  | 250 | 7.50 | 18.91 | 19.54 |
| 1.10 | 50 | 1.50 | 21.05 | 19.78 |
|  | 75 | 1.75 | 22.62 | 20.44 |
|  | 100 | 3.00 | 23.52 | 21.28 |
|  | 125 | 3.75 | 24.52 | 21.98 |
|  | 150 | 4.50 | 26.23 | 22.92 |
|  | 175 | 5.25 | 27.05 | 23.90 |
|  | 200 | 6.00 | 28.54 | 24.83 |
|  | 250 | 7.50 | 31.71 | 26.39 |
| 1.15 | 50 | 15.00 | 滴流 | 26.63 |
|  | 100 | 3.00 |  | 29.40 |
|  | 150 | 4.50 |  | 37.42 |

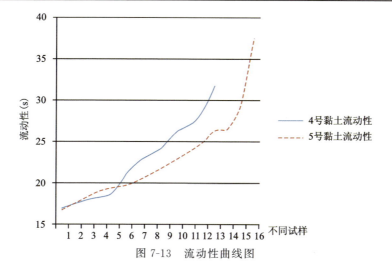

图 7-13 流动性曲线图

另外,考虑到本次所注地层的特点,初步将混合浆液流动性控制在17～30s范围内。因此,对于4号黏土而言,黏土浆密度1.05g/cm³、水泥添加量50～250kg/m³,黏土浆密度1.10g/cm³、水泥添加量50～200kg/m³均能满足要求;而对于5号黏土而言,黏土浆密度1.05g/cm³、水泥添加量100～250kg/m³,黏土浆密度1.10g/cm³、水泥添加量50～250kg/m³,黏土浆密度1.15g/cm³、水泥添加量50～100kg/m³均能满足要求。

### 7.2.4 混合浆液塑性黏度

无论是混合浆液的流动性还是塑性黏度,它们共同反映了混合浆液的黏度指标,黏度是表示浆液在流动时由于相邻层之间流动速度的不同而发生的内摩擦力的一种指标,会对浆液的扩散产生一定影响。

本试验是在混合浆液流动性前提下做的塑性黏度试验,所用仪器为ZNN-D6型旋转黏度计(图7-14),其具体原理为液体放置在两个同心圆筒的环隙空间内,电机经过传动装置带动外筒恒速旋转,借助于被测液体的粘滞性作用于内筒一定的转矩,带动扭力弹簧相连的内筒转动一个角度,同时在刻度盘上显示出来。该转角的大小与浆液的黏性成正比,通过测量不同转速下的转矩,求出塑性黏度值。

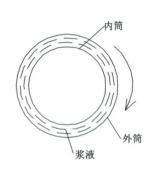

图7-14 ZNN-D6型旋转黏度计及工作原理

塑性黏度作为混合浆液的黏度指标之一,与流动性测试类似。为此,针对流动性试验的配比,做了一系列的混合浆液塑性黏度测试,见表7-8。从表7-8和图7-15中可以看出,5号黏土塑性黏度与流动性类似,依然表现了其不稳定性。由于含砂量及测试原理的原因,5号黏土在稠度较大的情况下,内外筒之间的浆液由于沙子的原因,使得读数不稳定,因此所取数据为平均值。

考虑到本次所注地层的特点,综合以往施工经验,初步将混合浆液塑性黏度控制在5～20MPa·s范围内,因此,对于4号黏土而言,黏土浆密度1.05g/cm³、水泥添加量100～250kg/m³,黏土浆密度1.10g/cm³、水泥添加量50～250kg/m³均能满足要求;而对于5号黏土而言,黏土浆密度1.05g/cm³、水泥添加量100～250kg/m³,黏土浆密度1.10g/cm³、水泥添加量50～250kg/m³,黏土浆密度1.15g/cm³、水泥添加量50～100kg/m³均能满足要求。

表 7-8  混合浆液塑性黏度统计表

| 黏土浆密度<br>（g/cm³） | 加入水泥<br>（kg/m³） | 加入水玻璃<br>（L/kg） | 4号黏土塑性黏度<br>（MPa·s） | 5号黏土塑性黏度<br>（MPa·s） |
| --- | --- | --- | --- | --- |
| 1.05 | 50 | 1.50 | 4 | 3 |
|  | 100 | 3.00 | 5 | 5 |
|  | 150 | 4.50 | 5 | 6 |
|  | 200 | 6.00 | 6 | 7 |
|  | 250 | 7.50 | 7 | 8 |
| 1.10 | 50 | 1.50 | 6 | 10 |
|  | 75 | 1.75 | 6 | 10 |
|  | 100 | 3.00 | 8 | 8 |
|  | 125 | 3.75 | 9 | 10 |
|  | 150 | 4.50 | 10 | 11 |
|  | 175 | 5.25 | 10 | 12 |
|  | 200 | 6.00 | 12 | 12 |
|  | 250 | 7.50 | 13 | 15 |
| 1.15 | 50 | 15.00 |  | 16 |
|  | 100 | 3.00 |  | 19 |
|  | 150 | 4.50 |  | 21 |

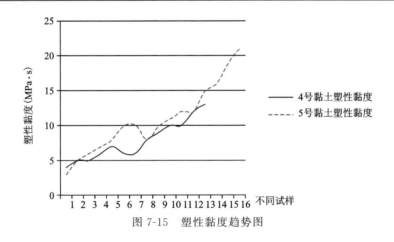

图 7-15  塑性黏度趋势图

## 7.2.5 混合浆液析水率、结石率

不管是哪种类型的浆液流体，浆液配制好静置一段时间后，均会有不同程度的析水现象，说明浆液沉积、胶化后，有多余自由水析出。常通过测定浆液析水率的方法来表征浆液的稳定性。稳定性是指浆液在流动速度减慢及完全静止以后均匀性变化的快慢，即搅拌好的浆液在停止搅拌或流动后继续保持原有分散度的时间，是针对悬浊型浆液而言的。浆液维持的时间越长，稳定性越好；维持的时间越短，稳定性越差。稳定性好，说明浆液有足够的黏聚、保水的能力，浆液中的水分不易泌出，颗粒浆材不至于下沉，且能够稳定地分布在溶液中，不易分

层离析。

在帷幕注浆工程中,析水率、结石率对施工质量起着至关重要的作用,析水率小说明浆液具有良好的稳定性,浆液胶体率高、悬浮性好、分散性好,凝固后的结石体结构均匀、密实、收缩率小、结石率高,对施工质量影响也越小。而析水率太低,浆液的黏度就会很大,会影响浆液的有效扩散。

针对上述描述,我们取了 250mL 量筒,倒入 200mL 混合浆液(图 7-16),分别观测 2h 后的析水率和 24h 后的结石率,数据见表 7-9。从表 7-9 中可以看出,无论是 4 号黏土还是 5 号黏土,都存在随着浆液稠度的增加,析水率在逐渐降低、结石率在逐渐升高的规律。另外,4 号黏土的析水率和结石率数据均优于 5 号黏土的数据,4 号黏土析水率为 0~10%,结石率为 89%~100%;5 号黏土析水率为 0~23%,结石率为 76%~100%。由于含砂量原因,5 号黏土土质稍差于 4 号黏土土质,使得低原浆密度下析水率高,结石率低,但针对以往施工经验,一般析水率低于 15%、结石率高于 70% 均能够作为注浆浆液使用,所以这两种黏土混合浆液在符合要求的配比条件下均能够作为本次注浆材料使用。

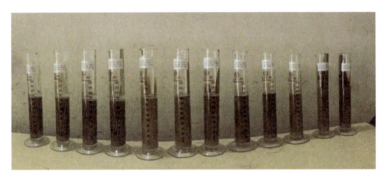

图 7-16 混合浆液析水率、结石率试验图

表 7-9 混合浆液析水率及结石率统计表

| 黏土浆密度 (g/cm³) | 加入水泥 (kg/m³) | 加入水玻璃 (L/kg) | 4 号黏土析水率 (%) | 5 号黏土析水率 (%) | 4 号黏土结石率 (%) | 5 号黏土结石率 (%) |
|---|---|---|---|---|---|---|
| 1.05 | 50 | 1.50 | 10.00 | 23.00 | 89.00 | 76.00 |
| | 100 | 3.00 | 10.00 | 14.00 | 89.50 | 86.00 |
| | 150 | 4.50 | 9.50 | 13.00 | 90.00 | 87.00 |
| | 200 | 6.00 | 9.00 | 12.50 | 91.00 | 87.00 |
| | 250 | 7.50 | 8.00 | 10.00 | 91.50 | 89.00 |
| 1.10 | 50 | 1.50 | 1.00 | 2.00 | 94.00 | 92.00 |
| | 75 | 1.75 | 0.00 | 2.00 | 97.00 | 94.00 |
| | 100 | 3.00 | 0.00 | 1.00 | 97.50 | 95.00 |
| | 125 | 3.75 | 0.00 | 0.50 | 98.00 | 96.00 |
| | 150 | 4.50 | 0.00 | 0.00 | 99.00 | 97.50 |

续表 7-9

| 黏土浆密度 (g/cm³) | 加入水泥 (kg/m³) | 加入水玻璃 (L/kg) | 4号黏土析水率 (%) | 5号黏土析水率 (%) | 4号黏土结石率 (%) | 5号黏土结石率 (%) |
|---|---|---|---|---|---|---|
| 1.10 | 175 | 5.25 | 0.00 | 0.00 | 100.00 | 98.00 |
|  | 200 | 6.00 | 0.00 | 0.00 | 100.00 | 99.00 |
|  | 250 | 7.50 | 0.00 | 0.00 | 100.00 | 99.50 |
| 1.15 | 50 | 15.00 |  |  | 0.00 | 100.00 |
|  | 100 | 3.00 |  |  | 0.00 | 100.00 |
|  | 150 | 4.50 |  |  | 0.00 | 100.00 |

## 7.2.6 混合浆液塑性强度

在注浆施工中，浆液的初凝时间是一个非常重要的性能指标，它关系到浆液在地层中扩散范围的大小及注浆效果的好坏。现场采用测试混合浆液的塑性强度值来评定其初凝时间。黏土水泥混合浆液初期塑性强度增长较慢，早期塑性强度较低，浆液的流动过程是浆液在泵压的作用下克服浆液内部阻力而发生的剪切变形。浆液流动性能好，表示浆液内部阻力小，易于流动，反之就不易流动。浆液的塑性强度是浆液内部抵抗变形与流动能力大小的一种度量值，因此，研究浆液塑性强度规律也就是了解浆液的流变性能。此外，在注浆过程中，浆液流动性能的好坏直接决定着注浆量、浆液在地层中扩散范围的大小以及注浆效果的好坏。

测试初凝时间采用改进的维卡仪(图 7-17)，具体测定原理是依靠圆锥体的重力，使圆锥体的尖锥沉入浆液试模之中，从而受到单位面积的剪切阻力，即为此时浆材的塑性强度。图 7-18 为相关试验照片。

图 7-17 改进维卡仪

图 7-18 相关试验图

通过对红黏土混合浆液进行测试，测试结果见表 7-10，塑性强度的增长规律见图 7-19。从单一配比条件下塑性强度随时间的变化规律可以看出，浆液塑性强度的增长大体可以分为两个阶段，在第一阶段，塑性强度增长缓慢，在第二阶段，塑性强度的增长速度加快。在第一阶段浆液仍处于液态状况,还保持良好的触变特征,利用本身的静剪切强度抵抗静水压力;如果此状态下浆液的扩散半径足够大,在静水压力不大的条件下,浆液不会被挤出,相反,适度的静水压力对结石的形成有利。第二阶段浆液开始凝胶,浆液的塑性强度急剧增高,浆液与裂隙面的黏着网络基本形成,并具备了相当的黏着强度。此刻受注体抗静水压力增强,结石体基本是依赖本身的抗渗性能及其与裂隙界面的黏着力实现堵水;由于此时浆液还保留有黏性特征,在静水压力的作用下,其结构可能出现微小位移,促成结石的结构更稳定、密实;如果外界水压力足够大,受注体的出水方式为渗水(沿某一弱面或通道进行)形式,而不是结石体破坏或被挤出。如果此状态下发生岩层波动、震动(如放炮、采动),结石体会吸收震动波,受注体结构更加稳定、紧凑,抗渗能力增强(结石体被压密、压实,结石与界面固着力增强)。

表 7-10  塑性强度测试表

| 基浆密度 (g/cm³) | 水泥添加量 (kg/m³) | 2h (mm) | 4h (mm) | 6h (mm) | 8h (mm) | 10h (mm) | 12h (mm) | 16h (mm) | 20h (mm) | 24h (mm) | 36h (mm) | 48h (mm) | 72h (mm) | 96h (mm) | 120h (mm) | 144h (mm) | 168h (mm) |
|---|---|---|---|---|---|---|---|---|---|---|---|---|---|---|---|---|---|
| 1.05 | 100.00 | 40.00 | 40.00 | 39.20 | 38.70 | 37.20 | 35.40 | 32.30 | 27.60 | 23.10 | 19.00 | 16.00 | 12.00 | 9.00 | 6.90 | 5.70 | 4.60 |
| 1.07 | 100.00 | 40.00 | 40.00 | 38.50 | 35.20 | 32.30 | 29.00 | 26.00 | 22.00 | 17.00 | 13.00 | 11.00 | 9.00 | 6.00 | 5.00 | 4.20 | 3.60 |
| 1.10 | 100.00 | 40.00 | 40.00 | 38.20 | 34.80 | 32.10 | 28.60 | 25.30 | 23.00 | 14.00 | 10.00 | 8.00 | 6.00 | 4.00 | 3.50 | 3.00 | 2.70 |
| 1.10 | 150.00 | 40.00 | 38.40 | 36.90 | 33.60 | 30.20 | 27.30 | 23.80 | 20.00 | 15.00 | 9.00 | 7.00 | 4.00 | 3.00 | 2.50 | 2.00 | 1.80 |
| 1.10 | 200.00 | 39.40 | 37.60 | 35.60 | 32.50 | 29.00 | 24.00 | 18.00 | 9.00 | 7.00 | 6.00 | 5.00 | 2.00 | 1.50 | 1.30 | 1.00 | 0.80 |

在常压、不同配比条件下,随着浆液浓度的增加,塑性强度增加的起点不断靠前,最短可以达到72h。因此,面对细小裂隙,为了增大浆液扩散半径,应采用稀浆进行灌注;面对大裂隙,在保证质量的前提下需控制浆液扩散半径,应采用浓浆进行灌注。

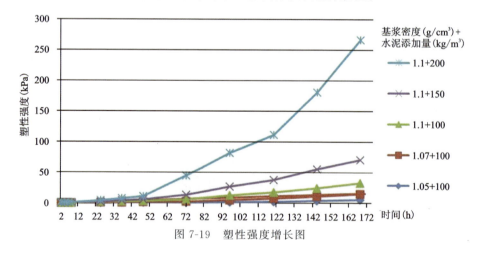

图 7-19  塑性强度增长图

### 7.2.7  原浆固体含量

为了更合理地设计混合浆液配比,特对不同密度下黏土浆液的固体颗粒含量进行了计算及验证。

进行含量分析时主要采用烘干法,通过烘干一定体积的黏土基浆,最终得到黏土颗粒的质量,即为该密度下黏土基浆中的固体含量(图7-20)。本试验通过制备1.05～1.20g/cm³的黏土浆液,每次取500mL测试,测试3次,最终取其平均值(表7-11)。

图 7-20　烘干法试验过程

表 7-11　测试结果表

| 密度(g/cm³) | 烘干后净重(g) | 平均值(g) | 计算值(g) |
| --- | --- | --- | --- |
| 1.05 | 50 | 50.00 | 40.98 |
| | 51 | | |
| | 49 | | |
| 1.07 | 60 | 59.00 | 58.33 |
| | 59 | | |
| | 58 | | |
| 1.10 | 79 | 79.33 | 79.41 |
| | 81 | | |
| | 78 | | |
| 1.15 | 119 | 119.00 | 119.12 |
| | 120 | | |
| | 118 | | |
| 1.20 | 159 | 158.33 | 158.82 |
| | 158 | | |
| | 158 | | |

通过上述试验及计算,可以看出实际测量的黏土固体颗粒含量与计算值几乎相同,计量系统中的黏土水泥混合浆液真实可信。

## 7.2.8 现场浆液结石体抗压强度

现场混合浆液通过高压泵送到钻孔,经过了高压密实、失水沉淀、固结成型等过程。在扫孔过程中,选取浆液结石体,并进行加工(图 7-21),再进行抗压强度测试(表 7-12)。

图 7-21 现场所取浆液结石体

表 7-12 抗压强度结果统计表

| 样品号 | 1-1 | 1-2 | 1-3 | 2-1 | 2-2 | 2-3 |
| --- | --- | --- | --- | --- | --- | --- |
| 抗压强度值(MPa) | 23.45 | 24.12 | 24.53 | 23.65 | 24.23 | 24.92 |

由表 7-12 知,扫孔取出的混合浆液结石体抗压强度为 23.45~24.92MPa。通过《地层注浆堵水与加固施工技术》中描述"在 20m 水头的压力下维持浆液结石体稳定所需的抗压强度仅为 0.005~0.01MPa",因此,针对以堵水为目的的帷幕注浆工程,改性黏土混合浆液试块的抗压强度较好,能起到堵水作用。

## 7.3 高围压条件下混合浆液性能研究

### 7.3.1 试验装置

目前众多水患矿山从绿色环保和经济合理的角度出发,在矿山帷幕注浆工程实施过程中因地制宜地选择了当地赋存的黏土类等非工业成品材料作为注浆材料,但是由于材料的成分组成、赋存环境等差异,配比而成的混合浆液性能和固结机理与传统注浆材料存在较大的不同;同时由于注浆材料在常压条件下固结过程与在承受地压和静水压力以及注浆压力综合作用下固结机理也存在较大差异,进而造成注浆施工过程中浆液配比选择、制注浆技术工艺、浆液扩散半径等技术参数的确定仍然以经验数据为主,其可靠性往往较差。鉴于此,有必要研究开发能够开展注浆材料固结机理研究的试验装置,并且利用该装置开展一系列注浆材料固结试验,进而揭示注浆浆液固结机理,提高注浆帷幕注浆工程领域理论水平,指导注浆工艺改进(图 7-22)。

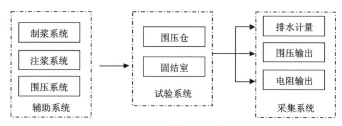

图 7-22 试验装置结构图

高压注浆固结试验装置主要用于高压条件下注浆材料固结机理研究。该装置具备以下特点：

(1) 能够实现对地层渗透性的相似模拟。
(2) 能够提供注浆施工过程中的地下水环境，即能够施加地下水压力。
(3) 能够在无损条件下判断浆液固结阶段。
(4) 能够实时记录试验系统的各项参数，包括压力、流量、电阻等参数。

根据工业生产注浆工艺，高压注浆固结试验装置主要包括：

(1) 辅助系统。浆液进入试验系统前的所有辅助设备包括制浆设备、注浆泵等。
(2) 试验系统。包括能够模拟地层压力或者静水压力的围压仓，在渗透系数上与地质体相似的固结室。
(3) 采集系统。采集系统包括排水量采集、围压监测数据采集、固结室试件电阻数据变化采集等。

尤为重要的是，根据在无压条件下的试验结果，试件固结状态与电阻率变化存在对应关系，所以通过监测试件电阻率可无损监测固结室内试件的固结状态。

该试验装置主要组件性能参数如下：

(1) 注浆泵。根据现场工业生产进行小型化设计，要求其实现浆液压力稳定及变流量输送。正常工作压力 0～10MPa，波动值小于 0.5MPa，流量 0～55L/min 自动调节，功率 5.5kW。

(2) 围压仓。围压仓(图 7-23)为该试验装置的核心部件，该仓室能够实现对地质体地层压力或者静水压力的相似模拟。该组件内径 800mm，高度 1000mm，工作压力 5MPa，耐压试验 6.25MPa，预留工作接口 7 个。

图 7-23 围压仓外观

(3) 试验仓(图 7-24)。试验仓是注浆浆液发生物理化学作用，固结形成结石体的地方，其渗透系数与模拟地层渗透系数相似。具体参数如下。

图 7-24 试验仓外观

锥形拉杆锥头直径 61.04mm，上部为高 26mm 的圆柱，下部为高 26mm 的圆台状，上部直径 61.04mm，下部直径 56mm，倾角为 5°，拉杆长度为 130mm，直径 26mm。内有 14mm 圆孔直通锥头，为浆液或管线出入孔。

过滤连接箍长 125mm，外径 89mm，内径 69mm。表面透水孔间距为 10mm，透水孔径 2mm，过滤链接箍为纵向切割开的两段。

（4）电阻监测装置（图 7-25）。该装置连接电阻率连续监测仪和传感器，实时监测浆液的电阻率变化。

图 7-25　电阻监测装置外观

试验舱锥形拉杆锥头表面，在距离中心点 55mm 的圆周上均匀安装 6～8 根 3mm 的金属电极作为负极，在中心点安装 1 根 3mm 的电极作为正极。电极与锥形拉杆用密封胶或其他绝缘材料严格绝缘。电源线从拉杆内的圆孔内出入。

### 7.3.2　高压条件下浆液初凝时间分析

改性黏土水泥混合浆液在凝结过程中，主要通过两个过程实现。第一个过程主要为水泥反应生成的水化产物包裹在黏土颗粒周围形成骨架结构，为凝结提供了基础条件；第二个过程主要为混合浆液的沉淀析水过程，随着时间的增加，混合浆液中的黏土颗粒及反应产物会慢慢沉淀，最终达到水固分离。

由于改性黏土水泥混合浆液的稳定性好，沉淀析水较慢，初凝时间较长。在给予一定压力后，能使黏土、水泥水化产物排列更加紧密，同时能加快沉淀析水的速度。通过上述综合作用，宏观上则表现为初凝时间缩短。

所以针对本项试验，黏土密度选取 $1.05g/cm^3$、$1.07g/cm^3$、$1.10g/cm^3$、$1.15g/cm^3$ 4 个标准，水泥密度选定为 $100kg/m^3$、$150kg/m^3$、$200kg/m^3$ 作为试验配比，分别试验了 1～5MPa 围压条件下混合浆液初凝时间，为贴合现场注浆情况，注浆压力选择为注浆压力的 1.5～2 倍。经过试验得出以下数据（表 7-13）。

表 7-13　初凝时间试验数据统计表

| 配比单号 | 黏土浆密度<br>（g/cm³） | 加入水泥<br>（kg/m³） | 泵压<br>（MPa） | 围压<br>（MPa） | 初凝时间<br>（min） |
|---|---|---|---|---|---|
| 1 | 1.05 | 100 | 1.5～2.0 | 1 | 75 |
| | | | 3.0～4.0 | 2 | 92 |
| | | | 4.5～6.0 | 3 | 110 |
| | | | 6.0～8.0 | 4 | 86 |
| | | | 7.5～10.0 | 5 | 50 |

表 7-13

| 配比单号 | 黏土浆密度 (g/cm³) | 加入水泥 (kg/m³) | 泵压 (MPa) | 围压 (MPa) | 初凝时间 (min) |
|---|---|---|---|---|---|
| 2 | 1.07 | 100 | 1.5~2.0 | 1 | 170 |
| | | | 3.0~4.0 | 2 | 145 |
| | | | 4.5~6.0 | 3 | 120 |
| | | | 6.0~8.0 | 4 | 110 |
| | | | 7.5~10.0 | 5 | 106 |
| 3 | 1.10 | 100 | 1.5~2.0 | 1 | 160 |
| | | | 3.0~4.0 | 2 | 130 |
| | | | 4.5~6.0 | 3 | 115 |
| | | | 6.0~8.0 | 4 | 105 |
| | | | 7.5~10.0 | 5 | 100 |
| 4 | 1.10 | 150 | 1.5~2.0 | 1 | 145 |
| | | | 3.0~4.0 | 2 | 121 |
| | | | 4.5~6.0 | 3 | 110 |
| | | | 6.0~8.0 | 4 | 100 |
| | | | 7.5~10.0 | 5 | 89 |
| 5 | 1.10 | 200 | 1.5~2.0 | 1 | 133 |
| | | | 3.0~4.0 | 2 | 115 |
| | | | 4.5~6.0 | 3 | 104 |
| | | | 6.0~8.0 | 4 | 95 |
| | | | 7.5~10.0 | 5 | 80 |
| 6 | 1.15 | 100 | 1.5~2.0 | 1 | 125 |
| | | | 3.0~4.0 | 2 | 110 |
| | | | 4.5~6.0 | 3 | 98 |
| | | | 6.0~8.0 | 4 | 90 |
| | | | 7.5~10.0 | 5 | 76 |

根据以上试验数据,首先对同一围压条件下不同配比的初凝时间绘制了相关曲线图,见图 7-26。从图 7-26 中可以看出,在同一围压条件下,随着配比的增大,浆液初凝时间在逐渐缩短(除第 1 配比),面对裂隙发育、透水性较大的地层,在浆液扩散半径已远远大于设计要求的情况下,可以采用浓浆进行灌注,使它较快达到初凝,控制浆液扩散半径。浆液由稀浆变为浓浆,初凝时间最多能够缩短 45min。

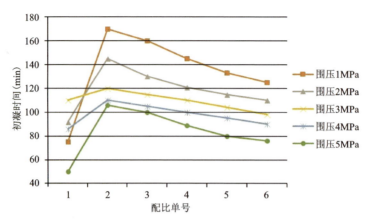

图 7-26　同一围压条件、不同配比的初凝时间曲线

另外,第 1 配比的混合浆液比第 2 配比混合浆液初凝时间短,究其原因,主要是由于所用渗透介质渗透系数较大,经检测为 0.015cm/s,在压力驱使下,使得浆液排水过快,加之第 1 配比混合浆液密度较小,相比其他配比浆液排水条件更为通畅,因此出现初凝时间较短现象。后期针对这一现象,将寻找渗透系数较小的渗透介质来进行进一步试验。

对同一配比条件下、不同围压的混合浆液初凝时间进行了曲线绘制(图 7-27)。由该曲线可知,随着围压的增大,混合浆液初凝时间在不断缩短,在同一配比下,随着围压的增大,初凝时间缩短最大量为 64min。以第 2 配比为例,根据现场试验,无围压条件下浆液初凝时间约为 4d,而加大围压后初凝时间最短为 106min,大大缩短了浆液的初凝时间。针对后期西北部帷幕线裂隙带较为发育的情况,在注浆过程中如果出现浆液待凝较慢现象,可以采用浓浆、高压进行灌注,可以充分封堵大裂隙。

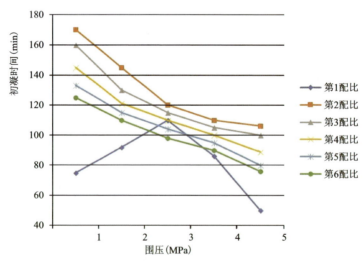

图 7-27　同一配比条件、不同围压初凝时间曲线

在图 7-27 中,第 1 配比混合浆液出现异常规律,主要是由于该配比混合浆液密度较小,通过现场试验,析水率能够达到 14%,浆液稳定性较差,加之浆液试验平台模拟地层渗透系数较

大,因此出现了规律性较差的现象,这也是浆液试验平台下一步改进完善的重点。

### 7.3.3 高压条件下混合浆液密度研究

同体积条件下混合浆液结石体的密度反映了结石体的密实程度,进一步可以推断在注浆地层中浆液对裂隙的封堵密实情况。

首先对常压条件下混合浆液结石体的密度进行了测试,在不同配比下,混合浆液结石体的最大密度为 1.28g/cm³,然后利用浆液试验平台,模拟不同围压条件下浆液凝结过程,最终形成了浆液结石体,对浆液结石体密度进行了统计(表 7-14),并绘制了同一配比条件、不同围压及同一围压条件、不同配比的两种密度曲线图(图 7-28、图 7-29)。从图 7-28、图 7-29 中可以看出,随着配比的增大、围压的增加,浆液结石体的密度在不断升高,最大能够达到 1.85g/cm³,远远大于常压条件下浆液结石体密度。由此可知,在高围压条件下,混合浆液形成的结石体更为致密,对裂隙水的封堵更为有效。

表 7-14 结石体密度统计表

| 配比单号 | 黏土浆密度 (g/cm³) | 加入水泥 (kg/m³) | 泵压 (MPa) | 围压 (MPa) | 密度 (g/cm³) |
|---|---|---|---|---|---|
| 1 | 1.05 | 100 | 1.5~2.0 | 1 | 1.57 |
| | | | 3.0~4.0 | 2 | 1.60 |
| | | | 4.5~6.0 | 3 | 1.64 |
| | | | 6.0~8.0 | 4 | 1.65 |
| | | | 7.5~10.0 | 5 | 1.67 |
| 2 | 1.07 | 100 | 1.5~2.0 | 1 | 1.62 |
| | | | 3.0~4.0 | 2 | 1.64 |
| | | | 4.5~6.0 | 3 | 1.67 |
| | | | 6.0~8.0 | 4 | 1.68 |
| | | | 7.5~10.0 | 5 | 1.70 |
| 3 | 1.10 | 100 | 1.5~2.0 | 1 | 1.66 |
| | | | 3.0~4.0 | 2 | 1.69 |
| | | | 4.5~6.0 | 3 | 1.72 |
| | | | 6.0~8.0 | 4 | 1.75 |
| | | | 7.5~10.0 | 5 | 1.77 |
| 4 | 1.10 | 150 | 1.5~2.0 | 1 | 1.70 |
| | | | 3.0~4.0 | 2 | 1.71 |
| | | | 4.5~6.0 | 3 | 1.74 |
| | | | 6.0~8.0 | 4 | 1.78 |
| | | | 7.5~10.0 | 5 | 1.79 |

续表 7-14

| 配比单号 | 黏土浆密度（g/cm³） | 加入水泥（kg/m³） | 泵压（MPa） | 围压（MPa） | 密度（g/cm³） |
|---|---|---|---|---|---|
| 5 | 1.10 | 200 | 1.5～2.0 | 1 | 1.74 |
|   |      |     | 3.0～4.0 | 2 | 1.76 |
|   |      |     | 4.5～6.0 | 3 | 1.79 |
|   |      |     | 6.0～8.0 | 4 | 1.8 |
|   |      |     | 7.5～10.0 | 5 | 1.82 |
| 6 | 1.15 | 100 | 1.5～2.0 | 1 | 1.75 |
|   |      |     | 3.0～4.0 | 2 | 1.79 |
|   |      |     | 4.5～6.0 | 3 | 1.81 |
|   |      |     | 6.0～8.0 | 4 | 1.83 |
|   |      |     | 7.5～10.0 | 5 | 1.85 |

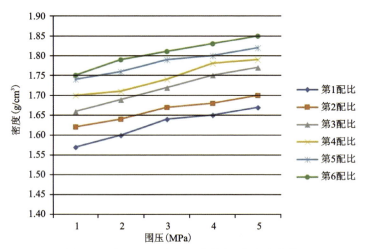

图 7-28 同一配比条件、不同围压的密度曲线

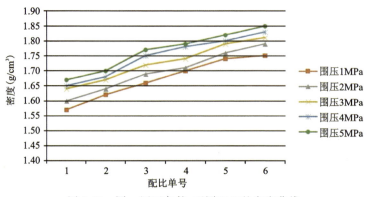

图 7-29 同一围压条件、不同配比的密度曲线

## 7.3.4 高压条件下浆液结石体抗压强度分析

结石体抗压强度是保证注浆体不发生渗透破坏的重要因素之一,是判断其性能优劣的重要指标。浆液在地层中充填、渗透、压密,直至最终固化为结石体,随着浆液结石体强度的不断提高,体积的逐渐膨胀,结石体与被注地层岩土体紧密地结合起来,这样既提高了岩土体的抗渗性,同时又加固了岩土体。一般说来,以抗渗为目的的帷幕注浆体,主要要求充填于地层空隙中的浆液结石体能够抵抗地下水的静水压力且不被挤出,从而满足帷幕体稳定性要求。

在实际施工中,混合浆液通过高压泵送到钻孔,经过了高压密实、失水沉淀、固结成型等过程,与常压下的形成环境不同,混合浆液结石块的抗压强度也不同。鉴于此,我们利用高压浆液试验平台,模拟不同压力条件下混合浆液试块抗压强度与其压力的关系,混合浆液结石体(图 7-30)在混合浆液达到初凝时间后继续稳压 2h 后取出,然后在养护箱(图 7-31)中养护 28d 后进行抗压强度试验(表 7-15)。

图 7-30 试验试块

图 7-31 试块养护箱

表 7-15 抗压强度试验数据统计表

| 配比单号 | 黏土浆密度 (g/cm³) | 加入水泥 (kg/m³) | 泵压 (MPa) | 围压 (MPa) | 抗压强度 (MPa) |
|---|---|---|---|---|---|
| 1 | 1.05 | 100 | 1.5~2.0 | 1 | 3.64 |
| | | | 3.0~4.0 | 2 | 4.27 |
| | | | 4.5~6.0 | 3 | 5.03 |
| | | | 6.0~8.0 | 4 | 5.87 |
| | | | 7.5~10.0 | 5 | 6.12 |
| 2 | 1.07 | 100 | 1.5~2.0 | 1 | 4.52 |
| | | | 3.0~4.0 | 2 | 5.35 |
| | | | 4.5~6.0 | 3 | 6.11 |
| | | | 6.0~8.0 | 4 | 6.84 |
| | | | 7.5~10.0 | 5 | 7.24 |
| 3 | 1.10 | 100 | 1.5~2.0 | 1 | 5.14 |
| | | | 3.0~4.0 | 2 | 6.79 |
| | | | 4.5~6.0 | 3 | 7.43 |
| | | | 6.0~8.0 | 4 | 8.01 |
| | | | 7.5~10.0 | 5 | 8.87 |
| 4 | 1.10 | 150 | 1.5~2.0 | 1 | 6.43 |
| | | | 3.0~4.0 | 2 | 7.75 |
| | | | 4.5~6.0 | 3 | 8.46 |
| | | | 6.0~8.0 | 4 | 9.12 |
| | | | 7.5~10.0 | 5 | 10.37 |
| 5 | 1.10 | 200 | 1.5~2.0 | 1 | 7.38 |
| | | | 3.0~4.0 | 2 | 8.68 |
| | | | 4.5~6.0 | 3 | 9.46 |
| | | | 6.0~8.0 | 4 | 10.97 |
| | | | 7.5~10.0 | 5 | 12.13 |
| 6 | 1.15 | 100 | 1.5~2.0 | 1 | 8.21 |
| | | | 3.0~4.0 | 2 | 9.37 |
| | | | 4.5~6.0 | 3 | 10.76 |
| | | | 6.0~8.0 | 4 | 12.04 |
| | | | 7.5~10.0 | 5 | 14.33 |

根据表 7-15,绘制了同一配比条件、不同围压下浆液结石体的抗压强度曲线图(图 7-32)。在同一配比下,随着围压的升高,浆液结石体的抗压强度也在增大。在第 6 配比、围压为 5MPa 时,抗压强度最大值能够达到 14.33MPa,相当于承受 1400m 的水柱压力。因此,在高围压条件下进行注浆,该浆液类型能够达到所需强度值,满足注浆效果。

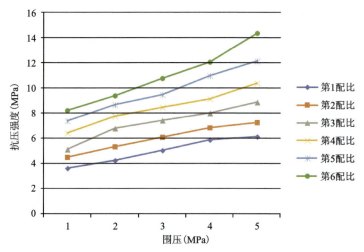

图 7-32　同一配比条件、不同围压下的抗压强度值曲线

另绘制了同一围压、不同配比条件下混合浆液结石体抗压强度值曲线(图 7-33)。从图中分析,在同一围压条件下,随着浆液配比的增加,抗压强度值在增大。抗压强度值在 3.64～14.33MPa 之间,面对大裂隙注浆时,在本配比浆液无明显效果时,要及时改换下一级配比,这样既能使裂隙加快封堵,同时也能够增大裂隙填充物的强度,改善地层工程地质条件,从而起到注浆堵水及加固的双重作用。

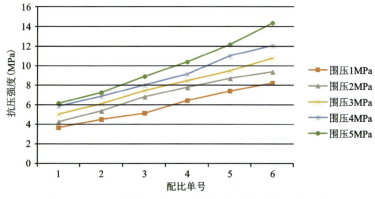

图 7-33　同一围压条件、不同配比下的抗压强度值曲线

### 7.3.5　混合浆液结构分析

为研究高压条件下改性黏土水泥混合浆液的化学反应及最终形成的浆液结石体结构,对其进行了 X 射线衍射及电镜试验。

在各种浆材混合后,发生如下化学反应:

(1)水泥颗粒与水混合后逐渐溶解水化,析出呈凝胶性的胶体物质并产生氢氧化钙:

$$3CaO \cdot SiO_2 + nH_2O = 2CaO \cdot SiO_2(n-1)H_2O + Ca(OH)_2$$

(2)当水玻璃($Na_2O \cdot nSiO_2$)加入后,水玻璃与新生成的氢氧化钙反应,生成具有一定强度的凝胶体——水化硅酸钙:

$$Ca(OH)_2 + Na_2O \cdot nSiO_2 + mH_2O \longrightarrow CaO \cdot nSiO_2 \cdot mH_2O + 2NaOH$$

水玻璃与氢氧化钙之间的反应较快。随着反应的进行,胶质体越来越多,强度也越来越大,所以在初期水泥-水玻璃浆液的强度主要是水玻璃与氢氧化钙的反应起主要作用,而在后期则是水泥本身的水化起主要作用。

(3)水玻璃与黏土(可视为一种盐类)发生离子交换反应:

$$Ca^{2+} - (Clay-OH)_2 + Na_2O \cdot nSiO_2 \longrightarrow 2Na - (Clay-OH)_2 + CaSiO_2$$

即部分钙黏土转化为钠黏土。钠黏土有双离子,其层状结构加厚,稳定性和悬浮性强,还附带生成相对稳定的硅钙分子大胶团,使原浆很快出现稠化现象。

(4)水玻璃中游离的 NaOH 与黏土反应:

$$Ca - (Clay-OH)_2 + 2NaOH \longrightarrow 2Na - (Clay-OH)_2 + Ca(OH)_2$$

生成部分钠黏土和相对稳定的 $Ca(OH)_2$ 胶团。

通过上述一系列反应,最终生成如图 7-34 所示的结石体理想结构。

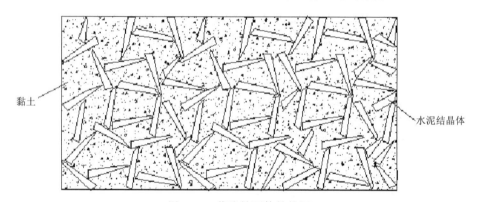

图 7-34 浆液结石体结构图

综合 X 射线衍射试验及电镜试验,可以看出混合浆液结石体中所含矿物成分有高岭土、重硅酸钙、水化硅酸钠、二氧化硅等物质,充分验证了上述化学反应的存在。根据以往资料,单液水泥浆的结晶规则具有稳定的空间框架,但存在较大的空隙空间,还可见少数的断裂裂隙;黏土浆矿物颗粒间较密实,但结构疏松、不稳定(有明显的胶织网络);从电镜照片中可以看出,改性黏土混合浆液结石体均匀、稠密,黏土颗粒包裹在水化反应产物空隙内,使得结构相当稳定(图 7-35)。因此,改性黏土混合浆液较水泥单液浆粒径更小、稳定性能更好。

应当指出的是,对此方面的研究没有定性的资料参考,此项工作做得不多,尤其是只做了定性分析,没有进行定量分析。限于研究要求,此部分具有较重要的参考价值,对于结石体微观结构的理论研究是很有意义的。它有助于解释浆液、结石的性能特征,指导混合浆液的配

图 7-35 电镜扫描图片

比研究,实现宏观控制等,使材料研究更加科学化、规范化。因此,该项内容在以后的研究过程中将作为重点对象。

## 7.4 现场浆液配比的确定

通过对黏土原浆及混合浆液在常压及高压条件下进行性能指标试验,发现两种黏土均能够作为浆材使用,但性能方面存在一定的差异,导致统一配比下混合浆液性能有差别。为了形成较为系统的配比图,特对同一配比下混合浆液的各项指标做多次试验,然后取其平均值,最终绘制了混合浆液配比图。

针对上述两种黏土的相关特性,结合一系列试验,得出了现场生产的浆液配比单,见表 7-16、表 7-17,并通过现场工业化生产试验最终确定其适用性。

表 7-16 4 号黏土混合浆液配比单

| 浆液配比单号 | 黏土浆密度($g/cm^3$) | 水泥添加量($kg/m^3$) | 硅酸钠添加量($L/m^3$) | 混合浆密度($g/cm^3$) |
|---|---|---|---|---|
| 1 | 1.05 | 50 | 1.5 | 1.08 |
| 2 | 1.10 | 75 | 2.25 | 1.13 |
| 3 | 1.10 | 125 | 3.75 | 1.16 |
| 4 | 1.10 | 175 | 5.25 | 1.19 |
| 5 | 1.10 | 200 | 6 | 1.20 |

表 7-17 5 号黏土混合浆液配比单

| 浆液配比单号 | 黏土浆密度($g/cm^3$) | 水泥添加量($kg/m^3$) | 硅酸钠添加量($L/m^3$) | 混合浆密度($g/cm^3$) |
|---|---|---|---|---|
| 1 | 1.05 | 100 | 3 | 1.12 |
| 2 | 1.07 | 100 | 3 | 1.14 |
| 3 | 1.10 | 100 | 3 | 1.16 |

续表 7-17

| 浆液配比单号 | 黏土浆密度（g/cm³） | 水泥添加量（kg/m³） | 硅酸钠添加量（L/m³） | 混合浆液密度（g/cm³） |
|---|---|---|---|---|
| 4 | 1.10 | 150 | 4.5 | 1.19 |
| 5 | 1.10 | 200 | 6 | 1.21 |
| 6 | 1.15 | 100 | 3 | 1.22 |

## 7.5 小结

新型注浆材料研究与应用在改性黏土浆、改性湖泥浆液等方面取得突破性成果，具体如下：

(1)提出了黏性土作为矿山帷幕注浆主要材料理念，并详细论述了改性黏土浆液的研究适配流程。

(2)首次提出了改性黏土浆液的高围压条件下试验研究。研究表明，高围压对于浆液析水固结具有显著作用，能够明显缩短浆液初凝、终凝时间，能够大幅度提高结石体抗压强度，部分试验样品结石体单轴抗压强度能够达到 10MPa 以上。

(3)针对研究的两种黏土材料，编制了适用于生产现场的浆液配比单。

# 8 矿坑水回灌技术研究

## 8.1 矿区平面回灌区域研究

根据矿区的工程地质、水文地质条件和实施工程的特点,合理选择富水性和透水性均较强的区域,作为最终的回灌区域。

(1)根据矿区揭露的构造发育特点可知矿区西部构造简单,东部高角度断裂发育。受构造影响,矿区石灰岩含水层的富水性呈现东强西弱的总体特征(图 8-1)。

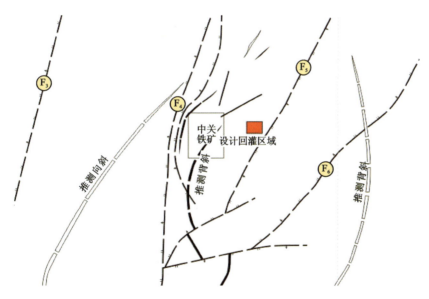

图 8-1 矿区构造示意图

(2)从 1960 年到 1974 年中关矿区在水文地质勘探工作方面先后进行了 3 次大型抽水试验。通过 3 次抽水试验反映出中关铁矿地下水资源丰富,奥陶系石灰岩含水层透水性强并且矿区地下水的径流受区域构造影响较大的特点。

(3)在帷幕注浆过程中发现,帷幕线上石灰岩含水层呈西薄东厚,北薄南厚的特征;裂隙岩溶发育程度呈西南弱东强的特征。从注浆孔 W1 开始,经 B、A、L、K、J、I 拐点到注浆孔 K125,该区段裂隙岩溶发育,连通性好,岩芯破碎。全区钻孔见溶洞 39 个,区段内有 13 个,见

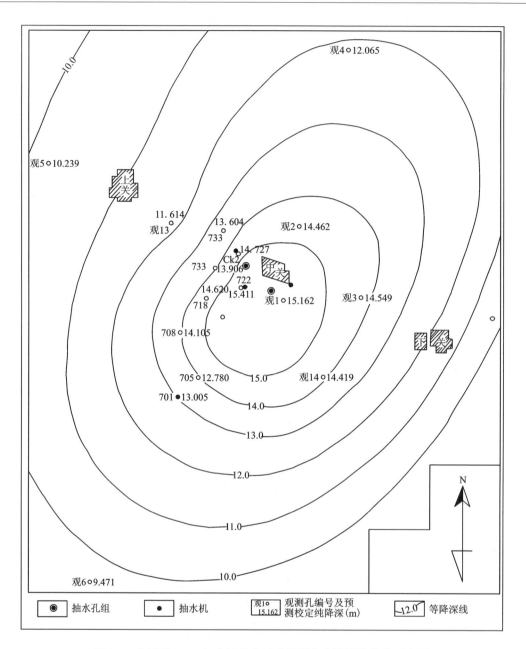

图 8-2 定流量 $6 \times 10^4 \mathrm{m}^3/\mathrm{d}$ 抽水试验预测稳定降深等值线示意图

洞率33.3%，溶洞最大发育高度3.6m，注浆孔的注浆量普遍较大，最大单位注灰量7447.5kg/m；注浆后形成的水泥结石90%分布在该区。特别是K77—K107注浆孔之间，该段裂隙率0.752%，大于全区0.7%，段内有注浆孔36个，注浆段510段，单位注灰量大于800kg/m的有136段，占26.6%；0m标高以上注浆段108个，单位注灰量大于800kg/m的有49段，占45.3%。

## 8.2 矿区回灌地层的研究

### 8.2.1 回灌区地层、水文地质简况

为了解回灌区域地层的透水性特点,评判该区能否作为合格的回灌地层,对回灌区域地层进行了压水试验、回灌试验和物探测试等一系列工作,最终确定回灌地层。

#### 8.2.1.1 回灌区地层

回灌区揭露的地层从上到下可划分为第四系、石炭系—二叠系和中奥陶统,描述如下。

**1. 第四系**

第四系厚度在 61.65~69.25m 之间,平均厚度 65.45m,层底平均标高 134.49m。表层有 6.55~11.85m 厚的黏土砾石层;中部以杂色黏土为主,局部钻孔夹少量中砂;底部有 5.13~7.22m 厚的黏土砾石。

**2. 石炭系—二叠系**

石炭系—二叠系岩性以泥岩和碳质页岩为主,厚度变化范围较小,最大厚度 46.24m,平均厚度 35.51m,底层平均标高 93.78m;其中在 HG5 中揭露出采空区,顶板标高 100.65m,底板标高 98.05m。

**3. 中奥陶统**

中奥陶统石灰岩为矿区主要含水层,岩性以石灰岩为主。试验区布置的 5 个观测孔、2 口回灌井以及供水井勘察孔 GS1 均未穿过该层,其中最深孔 G1 终孔深度 500.00m,孔底标高 −300.0m。

中奥陶统中还赋存有多层泥质灰岩和蚀变灰岩,主要分布在标高 −178.18m~−88.27,平均层厚为 89.90m。

#### 8.2.1.2 回灌区水文地质条件简况

回灌区位于整个矿区的强富水区(Ⅰ区),中关铁矿堵水帷幕东侧。根据钻孔揭露地层条件和含水层性质,试验区在垂向上可以划分为 3 个含水层,即,第四系松散岩类孔隙含水岩组、石炭系—二叠系裂隙含水岩组和中奥陶统灰岩裂隙岩溶含水岩组。中奥陶统灰岩为主要含水层,该含水层以岩溶裂隙为主,裂隙岩溶发育,平均回次裂隙率 0.07%,裂隙表面水蚀严重,连通性较好。最大可见回次裂隙率 0.14%。裂隙呈"X"形,轴面夹角较缓,−249.25~−189.25m 段可见裂隙较发育。

### 8.2.2 回灌地层透水性分析

本次回灌试验区石灰岩含水层的裂隙岩溶发育程度及透水性,在垂向上也有一定的变化规律。区内在标高 −178.17~−88.2m 段有一层厚 89.9m 的泥质灰岩,该层分布稳定,岩石裂隙岩溶不发育,透水性差。该层上部(标高 −88.27~−18.80m),下部(标高 −300.00~−178.17m)的石灰岩含水层裂隙发育,透水性较强。

#### 8.2.2.1 单位涌水量

本工程分别对 2 口回灌井、5 个观测孔和 1 个水源井勘察孔进行了不同深度多次注水试验,根据所取得的数据计算地层的单位涌水量。

**1. 静水位(18.80m)以上灰岩**

该段以石灰岩为主,青灰色,致密坚硬,隐晶质结构;岩芯较完整,以短柱状为主,溶孔、裂隙较发育,多被黏土充填。由表 8-1 可以看出:本回灌层位大部分地段透水性较差,但 HG3 观测孔附近透水性较好。

**2. 水位以下石灰岩(−88.27~18.80m)**

该段以石灰岩为主,青灰色,致密坚硬,隐晶质结构;岩芯较完整,以短柱状为主,溶孔、裂隙较发育,裂隙无充填。由表 8-1 可以看出:本回灌层位大部分地段透水性较强,由于 G2 回灌井此段地层多为泥质灰岩,因此本段透水性弱。

**3. 泥质灰岩(−178.17~−88.27m)**

该段以泥质灰岩为主,青灰色—黄褐色,质软,部分手可掰断,遇水易坍塌;岩芯较破碎,以块状为主,溶孔、裂隙不发育。在帷幕注浆工程中,此地层透水性弱,注浆量少,为弱透水层。

**4. 泥质灰岩以下灰岩(−300.00~−178.17m)**

该段以石灰岩为主,青灰色,致密坚硬,隐晶质结构;岩芯较完整,以短柱状为主,少量呈长柱状;遇稀盐酸剧烈起泡,小刀可刻划;溶孔、裂隙较发育,透水性较强。由表 8-2 可以看出:本回灌层位透水性较强。

#### 8.2.2.2 渗透系数计算

本次回灌试验分别对 2 口回灌井、5 个观测孔和 1 个水源井勘察孔进行了不同深度多次注水试验,根据所取得的数据计算地层的渗透系数。

采用以下公式计算渗透系数:

(1)当地下水在试验段底板以下时,

$$k = 0.432 \frac{Q}{h^2} \lg \frac{4h}{d} \tag{8-1}$$

式中:$h$——注水造成的水柱高度,m;

$d$——钻孔或过滤器直径,m;

$Q$——注水量,$m^3/d$。

地下水在试验段底板以下时,G1、G2 地层的渗透系数计算结果见表 8-1。

表 8-1 水位以上试验段渗透系数计算参数统计表

| 编号 | 埋深 (m) | 标高 (m) | 时间 | 回灌量 ($m^3/d$) | 孔径 (m) | 静水位 (m) | 水柱高度 (m) | 渗透系数 (m/d) |
|---|---|---|---|---|---|---|---|---|
| G1 | 105.0~ 280.0 | 1.00~ 96.00 | 2013 年 5 月 7 日 | 62.81 | 0.377 | 18.74 | 83.29 | 0.26 |
| | | | 2013 年 5 月 11 日 | 80.42 | | | 94.71 | 0.27 |
| | | | 2013 年 5 月 13 日 | 101.87 | | | 104.96 | 0.28 |
| | | | 平均 | | | | | 0.27 |

续表 8-1

| 编号 | 埋深(m) | 标高(m) | 时间 | 回灌量(m³/d) | 孔径(m) | 静水位(m) | 水柱高度(m) | 渗透系数(m/d) |
|---|---|---|---|---|---|---|---|---|
| G2 | 117.0~280.0 | −79.0~83.38 | 2013年23月23日 | 10 | 0.377 | | 62.21 | 0.09 |
| | | | 2013年3月23日 | 20 | | | 66.31 | 0.17 |
| | | | 2013年3月24日 | 40 | | | 69.31 | 0.35 |
| | | | 2013年3月24日 | 60 | | | 71.36 | 0.51 |
| | | | 平均 | | | | | 0.20 |

(2) 当地下水在试验段以上时，

$$k = \frac{0.366Q}{l \cdot s} \lg \frac{2l}{r} \tag{8-2}$$

式中：$k$——注水渗透系数，m/d；

$Q$——回灌量，m³/d；

$s$——水位抬升值，m；

$r$——钻孔半径，m；

$l$——试验段长度，m。

地下水在试验段底板以上时，G1、G2 地层的渗透系数计算结果见表 8-2。

表 8-2 水位以下试验段渗透系数计算参数统计表

| 编号 | 埋深(m) | 标高(m) | 时间 | $Q$(m³/h) | 孔径(m) | 静水位(m) | $s$(m) | $l$(m) | $r$(m) | $k$(m/d) |
|---|---|---|---|---|---|---|---|---|---|---|
| G1 | 200.0~280.0 | −79.00~1.00 | 2013年5月26日 | 60.27 | 0.377 | 16.66 | 8.05 | 95.67 | 0.188 5 | 2.07 |
| | | | 2013年6月7日 | 61.11 | 0.377 | | 4.78 | 95.67 | 0.188 5 | 3.54 |
| | | | 2013年6月12日 | 87.75 | 0.377 | | 25.58 | 95.67 | 0.188 5 | 0.95 |
| | | | 平均 | | | | | | | 2.19 |
| | 379.83~500.0 | −300.00~−179.00 | 2013年7月31日 | 140.51 | 0.325 | 20.06 | 20.17 | 199.0 | 0.162 5 | 1.04 |
| | | | 2013年8月15日 | 170.58 | 0.325 | | 24.53 | 199.0 | 0.162 5 | 1.04 |
| | | | 平均 | | | | | | | 1.04 |
| G2 | 379.85~500.0 | −299.62~−179.62 | 2013年4月27日 | 37.99 | 0.325 | 18.96 | 1.82 | 316.67 | 0.162 5 | 1.56 |
| | | | 2013年4月28日 | 33.6 | 0.325 | | 1.45 | 316.67 | 0.162 5 | 1.68 |
| | | | 平均 | | | | | | | 1.62 |

#### 8.2.2.3 吸水指数

吸水指数指回灌井在单位注水压差下的单位注水量，也是衡量回灌井吸水能力的一个重要指标。

$$N = \frac{Q}{P_2 - P_1} \tag{8-3}$$

式中：$N$——吸水指数，$m^3/(h \cdot MPa)$；

$Q_注$——回灌量，$m^3/h$；

$P_1$——回灌前井底压力，MPa；

$P_2$——回灌后井底压力，MPa。

G1、G2 地层的吸水指数计算结果见表 8-3。

**表 8-3　回灌地层吸水指数表**

| 回灌井编号 | 回灌层位标高(m) | 回灌量($m^3$/h) | $P_2-P_1$(MPa) | 吸水指数[$m^3$/(h·MPa)] |
|---|---|---|---|---|
| G1 | 1.00~96.00 | 62.81 | 0.83 | 75.67 |
|  |  | 80.42 | 0.95 | 84.65 |
|  |  | 101.87 | 1.05 | 97.02 |
|  |  | 平均 | — | 85.78 |
|  | −79.00~1.00 | 61.11 | 0.05 | 1 222.20 |
|  |  | 87.75 | 0.25 | 351.00 |
|  |  | 平均 | — | 786.60 |
|  | −300.00~−179.00 | 140.51 | 0.20 | 702.55 |
|  |  | 170.58 | 0.25 | 682.32 |
|  |  | 平均 | — | 692.44 |
| G2 | −79.00~83.38 | 10 | 0.62 | 16.13 |
|  |  | 20 | 0.66 | 30.30 |
|  |  | 40 | 0.69 | 57.97 |
|  |  | 60 | 0.71 | 84.50 |
|  |  | 平均 | — | 47.23 |
|  | −300.00~−179.00 | 100 | 0.20 | 500.00 |
| G1、G2同时回灌 | −300.00~−179.00 | 200 | 0.19 | 1 052.0 |

## 8.3　回灌能力研究

### 8.3.1　各孔各段回灌能力分析

通过对不同孔段进行回灌测试，分析各个观测孔和回灌孔的水位抬升情况，从而综合分析潜在回灌层位的确切回灌能力，判断最终回灌井的数量及位置分布。

#### 8.3.1.1　G1 回灌井（标高−79.00~1.00m 段）

本次回灌测试于 2013 年 5 月 23 日开始，2013 年 6 月 9 日结束。主要针对 G1 回灌井标高−79.00m~1.00 的位置进行回灌。回灌井为 G1，观测孔 7 个，分别为 G2、GS1、HG1、HG2、

HG3、HG4 和 HG5。本段地层的主要岩性为灰岩,裂隙发育。

由表 8-4 可以看出,G1 回灌井中部回灌层位(−79.00~1.00m)在回灌量为 60.27m³/h 时,回灌井水位上升 4.77m(21.44m),随着回灌量增大至 87.75m³/h,水位抬升值也随之增大至 25.58m(42.24m)。由图 8-3 看出,在相同回灌量情况下,回灌井附近水力坡度与上部(标高 1.0~96.0m 段)相比有明显减小。HG3—G1—G2 沿线以南等水位线密集,说明地层透水性和连通性弱,不利于回灌水的扩散。沿线以北、以东方向平缓,HG1→HG2 的水力坡度仅为 1.44%,说明本段地层的透水性强,有利于回灌水的扩散,可作为回灌层位。

表 8-4 水力坡度表(2013 年 5 月 26 日)

| 项目 | 距离(m) | 水位差(m) | 水力坡度(‰) |
| --- | --- | --- | --- |
| G1→HG1 | 21.40 | 7.63 | 35.65 |
| G1→HG2 | 31.55 | 7.78 | 24.66 |
| HG1→HG2 | 10.39 | 0.15 | 1.44 |
| G1→HG3 | 14.64 | 7.14 | 48.77 |
| G1→HG4 | 9.63 | 7.54 | 78.30 |
| G1→HG5 | 53.53 | 8.08 | 15.09 |
| G1→GS1 | 6.96 | 7.02 | 100.86 |
| G1→G2 | 33.7 | 7.95 | 23.59 |

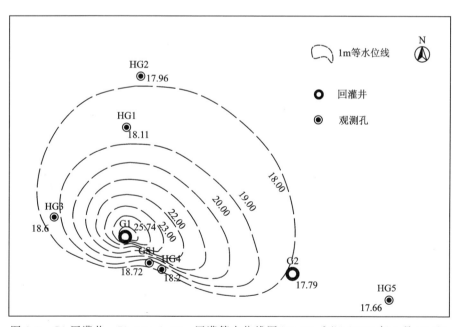

图 8-3 G1 回灌井−79.00~1.00m 回灌等水位线图(60.27m³/h)(2013 年 5 月 26 日)

根据《水文地质手册》(第二版)抽水试验现场资料整理部分公式,结合图解回归分析计算回灌量(图 8-4):

$$n = \frac{\lg s_3 - \lg s_1}{\lg Q_3 - \lg Q_1} \tag{8-4}$$

当 $n=1$ 时,曲线为直线型,用图解法确定 $Q$;

当 $n=1\sim2$ 时,曲线为指数型,采用公式 $\lg Q = \lg a + m\lg s$ 确定 $Q$;

当 $n=2$ 时,曲线为抛物线型,采用公式 $s = aQ + bQ^2$ 确定 $Q$;

当 $n>2$ 时,曲线为指数型,采用公式 $Q = a + b\lg s$ 确定 $Q$。

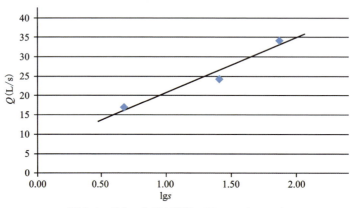

图 8-4  $Q$-$\lg s$ 曲线(标高 $-79.00\sim1.00$m)

计算得 $n=4.64$,根据回灌时取得的 $Q$、$s$ 数据计算得 $a=15.64$,$b=10.15$;得到 $Q=15.64+10.15\lg s$ 计算回灌量,当水位上升至 90.0m 时,预计回灌量为 123m³/h。

### 8.3.1.2  G1 回灌井标高 $-300.00\sim-179.00$m

本次回灌于 2013 年 7 月 26 日开始,8 月 5 日结束。回灌井为 G1,7 个观测孔分别为 G2、GS1、HG1、HG2、HG3、HG4 和 HG5。本段的地层的主要岩性为灰岩,裂隙发育。

由表 8-5 可以看出,G1 回灌井($-300.00\sim-179.00$m)在回灌量为 140.51m³/h 时,回灌井水位上升 20.17m(40.11m),随着回灌量增大至 170.58m³/h,水位抬升值也随之增大至 24.53m(44.47m)。由图 8-5 看出,HG3—G1—G2 沿线以南等水位线密集,说明地层透水性和连通性弱,不利于回灌水的扩散。沿线以北、以东方向平缓,HG1→HG2 的水力坡度仅为 5.96%,说明本区地层透水性强,有利于回灌水的扩散,可作为回灌层位。

表 8-5  水力坡度表(2013 年 7 月 31 日)

| 项目 | 距离(m) | 水位差(m) | 水力坡度(%) |
| --- | --- | --- | --- |
| G1→HG1 | 21.40 | 16.36 | 76.45 |
| G1→HG2 | 31.55 | 16.98 | 53.82 |
| HG1→HG2 | 10.39 | 0.62 | 5.96 |
| G1→HG3 | 14.64 | 15.89 | 108.54 |
| G1→HG4 | 9.63 | 16.61 | 172.48 |
| G1→HG5 | 53.53 | 18.46 | 34.49 |
| G1→GS1 | 6.96 | 15.74 | 226.15 |
| G1→G2 | 33.7 | 18.23 | 54.00 |

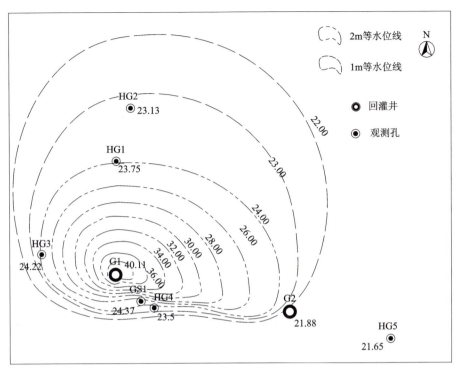

图 8-5　G1 回灌井－300.00～－179.00m 回灌等水位线图(140.51m³/h)(2013 年 7 月 31 日)

根据式(8-4),结合图解回归分析计算回灌量(图 8-6):

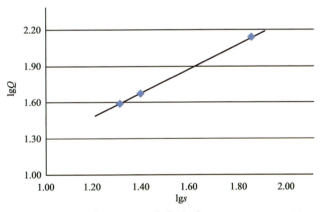

图 8-6　G1 回灌 lg$Q$—lg$s$ 曲线(标高－300.0～－179.0)

计算得 $n=1.015$,根据回灌时取得的 $Q$、$s$ 数据计算得 $a=1.85$,$m=1.015$;取得 lg$Q=$ lg1.85＋1.015lg$s$ 计算回灌量,当水位上升至 90.0m 时,预计回灌量为 496.8m³/h。当回灌量为 100m³/h 时,水位抬升值为 14.4m。

### 8.3.1.3　G1、G2 回灌井标高－300.00～－179.00m 群井回灌

本次回灌于 2013 年 8 月 9 日开始,8 月 12 日结束。回灌井为 G1、G2 两井同时回灌,观测孔 6 个,分别为 GS1、HG1、HG2、HG3、HG4 和 HG5。本段的地层的主要岩性为灰岩,裂隙发育。

由表 8-6 可以看出,G1、G2 回灌井下部回灌层位(−179.0～−300.0m)在回灌量为 200m³/h 时,两回灌井中水位上升最高位 19.55m(41.38m)。由图 8-7 看出,群井回灌时,HG3—G1—G2 沿线以南等水位线密集,说明地层透水性和连通性弱,不利于回灌水的扩散。沿线以北水力坡度小,等水位线平缓,HG1→HG2 水力坡度为 3.85%,说明本段地层的透水性和连通性较强,有利于回灌水的扩散,可作为回灌区域。

表 8-6　G1、G2 群井回灌水力坡度表(2013 年 8 月 12 日)

| 项目 | 距离(m) | 水位差(m) | 水力坡度(%) |
|---|---|---|---|
| G1→HG1 | 21.40 | 14.43 | 67.43 |
| G1→HG2 | 31.55 | 14.83 | 47.00 |
| HG1→HG2 | 10.39 | 0.40 | 3.85 |
| G1→HG3 | 14.64 | 14.38 | 98.22 |
| G1→HG4 | 9.63 | 14.56 | 151.19 |
| G1→GS1 | 6.96 | 13.81 | 198.42 |
| G2→HG5 | 19.85 | 19.02 | 95.82 |
| G2→G1 | 33.7 | 3.14 | 9.32 |

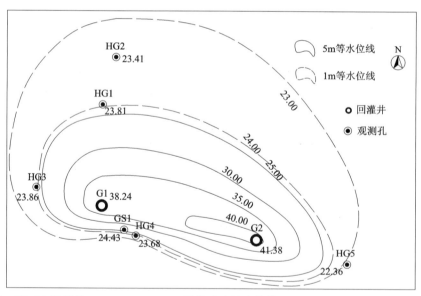

图 8-7　G1、G2 回灌井−179.0～−300.0 回灌试验等水位线图(200m3/h)(2013 年 8 月 12 日)

对 G1 回灌井进行单井回灌时,回灌量与 G2 回灌井的抬升关系根据式(8-4),结合图解回归分析计算回灌量(图 8-8)。

计算得 $n=1.32$,根据回灌时取得的 $Q$、$s$ 数据计算得 $a=24.7$,$m=1.32$;取得 $\lg Q = \lg 24.7 + 1.32 \lg s_{G2}$ 计算回灌量,当 G1 回灌水位上升至 90m、回灌量为 496.8m³/h 时,预计 G2 回灌井水位上升仅为 3.7m。

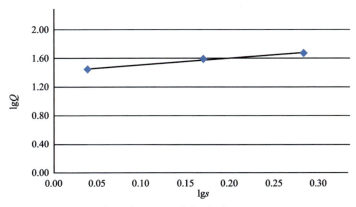

图 8-8　G1、G2 联合回灌 lg$Q$-lg$s$ 曲线(标高－300.00～－179.00m)

假设回灌试验范围内地层与 G1 回灌井透水性相近。由 lg$Q$=lg1.85+1.015lg$s_{G1}$、lg$Q$=lg24.7+1.32lg$s_{G2}$ 和 $s_{总}=s_{G1}+s_{G2}$ 关系,当等距为 30m 布孔时,群井回灌的计算式为:

$$s_{总} = 10^{\frac{\lg Q - \lg 1.85}{1.015}} + n\, 10^{\frac{\lg Q - \lg 24.7}{1.32}} \tag{8-5}$$

式中:$n$——回灌井数量,口。

根据式(8-5)计算本试验段回灌:

当 $n=1$ 时,回灌井水位抬升至 90.0m,回灌量为 936.0m³,即两口井联合回灌量。

### 8.3.2　回灌影响范围分析

#### 8.3.2.1　单井回灌影响范围分析

根据回灌过程中回灌井与观测孔产生的水力坡度的计算,分析各个回灌层位单井回灌的影响范围。

**1. 标高－79.00m 以上回灌影响范围分析**

由图 8-9 至图 8-11 看出:试验区－79.00m 标高以上地层受区域水位大幅下降影响大部分已是疏干区。本次回灌持续时间和回灌强度偏小,回灌井施工过程中产生的岩粉无法随水流排泄,在孔壁附近裂隙的堆积等多种因素造成了渗透系数较小的情况;同时从两口回灌井在相同回灌强度下对观测孔影响效果的不同(G1 对周边观测孔影响明显,G2 的影响极微弱)可以看出,在－79.0m 以上含水层的透水性是不均一的。

**2. 标高－300.00～－179.00m 回灌影响范围分析**

由图 8-12 分析,G1 回灌井回灌时直接影响到 53.53m 处的 HG5 观测孔,且随回灌强度的增加,HG5 的水位抬升幅度越大,说明深部含水层的沟通极为密切,最远的观测孔 HG5 在 140m³/h 强度下,水位只抬升了 1.65m,水位涨幅不大,且流场平缓;回灌强度增加到 170m³/h 后,水位只抬升到 2.08m,水位涨幅依旧不大,且流场平缓,并且回灌后试验区流场(不含主孔)均平缓。综上所述,该区域回灌能力强,石灰岩含水层在深部也存在不均一性,其影响范围与回灌量直接相关。

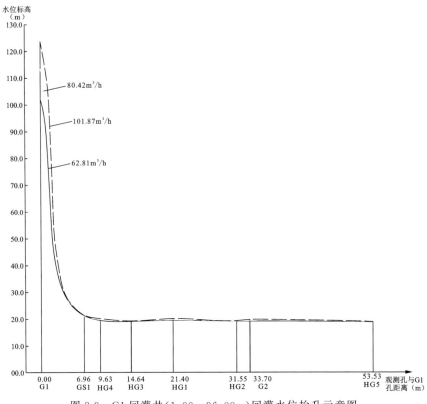

图 8-9　G1 回灌井(1.00～96.00m)回灌水位抬升示意图

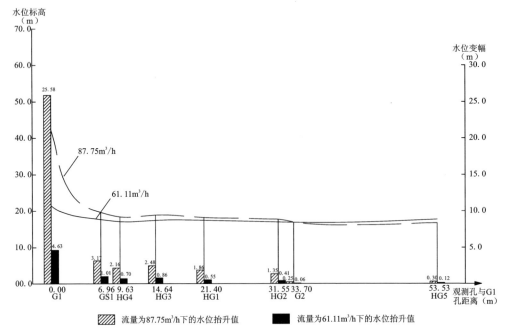

图 8-10　G1 回灌井(−79.00～1.00m)回灌水位抬升示意图

# 8 矿坑水回灌技术研究

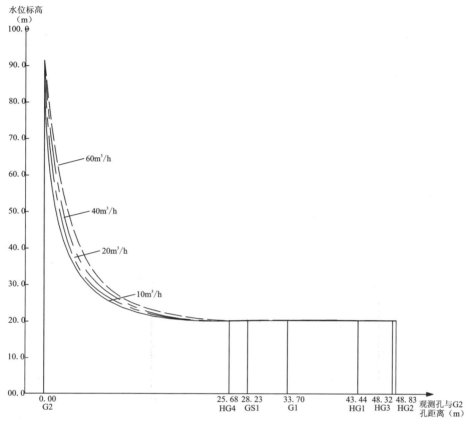

图 8-11 G2 回灌井(-79.00~83.38m)回灌水位抬升示意图

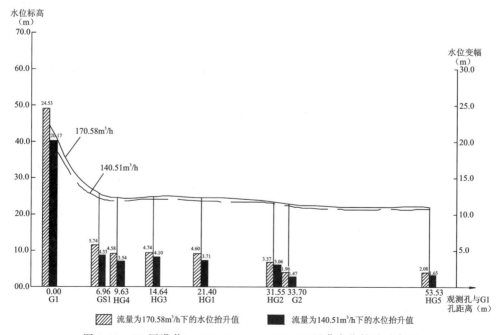

图 8-12 G1 回灌井(-300.00m~-179.00)回灌水位抬升示意图

#### 8.3.2.2 群井影响范围分析

HG3、HG4、HG5、GS1 观测孔与 G1、G2 回灌井呈东西向直线分布,最小的水力坡度为 70%;HG1、HG2 观测孔与 G1 回灌井呈南北向直线分布,最小水力坡度为 46%,说明试验区存在南北向的透水性强于东西向的趋势。

图 8-13 反映在群井回灌过程中,两井的水位抬升幅度分别为 16.64m 和 19.55m,与周边观测孔的水头差较小,说明回灌井与观测孔之间有着密切的水力联系,回灌影响范围较广。

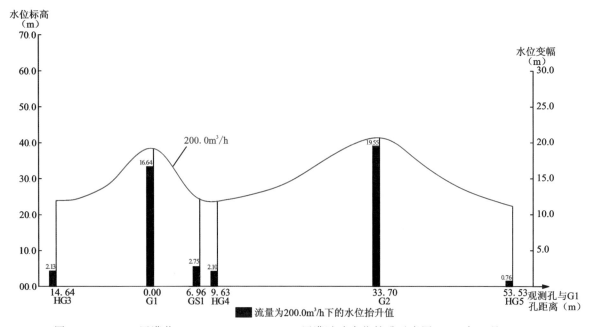

图 8-13 G1、G2 回灌井(-300.00～-179.00m)回灌试验水位抬升示意图(2013 年 8 月 11 日)

通过对-88.27～18.80m 段和-300.00～-178.17m 段两段地层进行回灌测试。单井回灌情况下,上部标高-88.27～18.80m 地层回灌能力预计为 123.0m³/h,下部标高-300.00～-179.00m 地层回灌能力预计为 496.8m³/h;下部两井同时回灌情况下,回灌能力预计为 936.0m³/h,上部回灌能力弱于下部。

从回灌影响范围看,单井小强度回灌(群井回灌时单井回灌强度为 100m³/h,G1 在进行单井回灌时,两个层位的最大回灌强度分别为 140m³/h 和 170m³/h)与两井大强度回灌(群井回灌时总量为 200m³/h)相比,单井小强度回灌对周边观测孔水位的影响大于两井大强度回灌的影响(就 HG5 而言,单井回灌时水位抬升值为 1.65m 和 2.08m,而群井回灌时仅有 0.76m),反映了大回灌量可沟通岩溶裂隙的通道,增强透水性,使回灌量出现增大的趋势。

## 8.4　回灌水质及水质监测研究

通过对矿坑水水质及矿山周边地下水水质的分析,了解矿坑水水质与周边天然状态下地下水水质的不同,采取净化措施,使净化处理后的矿坑水水质优于周边天然状态下地下水水质;同时为保证周边地下水水质安全,需建立地下水水质监测系统,进行长期监测。

### 8.4.1 回灌水质研究

经过资料收集,中关矿区地下水水质符合《地下水质量标准》(GB/T 14848—2017)中的Ⅲ类地下水水质,根据当地地下水水质分析报告,结合周边矿山井下涌水水质,本项目井下涌水主要指标如表8-7所示。

表 8-7 井下涌水主要指标

| 色度 | 浑浊度(NTU) | pH | 总硬度(mg/L) | 溶解性总固体(mg/L) | 细菌总数(CFU/ml) |
|---|---|---|---|---|---|
| <15 | <7 | 6.5~8.5 | <470 | <1000 | <100 |

其中,仅浑浊度和总硬度超过Ⅲ类地下水水质,其余项目均符合Ⅲ类地下水水质要求。

为确保回灌水水质不对周边地下水水质造成污染,经过专家论证,回灌水水质必须优于周边地下水水质标准方可进行回灌。因此,矿坑水处理后的水质主要指标应达到表8-8所示的标准。

表 8-8 处理后水质主要指标

| 色度 | 浑浊度(NTU) | pH | 总硬度(mg/L) | 溶解性总固体(mg/L) | 细菌总数(CFU/ml) |
|---|---|---|---|---|---|
| <5 | <3 | 6.5~8.5 | <450 | <900 | <100 |

由于该地区地下水水质符合《地下水质量标准》(GB/T 14848—2017)中的Ⅲ类地下水,水质较好,且在采矿生产过程中仅仅是使水中悬浮物含量升高,并未引入新的污染物。当地下涌水提升至地表后,首先经过机械搅拌澄清池处理,并已去除大部分悬浮物,因此,本工程采用"机械过滤器+超滤+消毒"的处理工艺即可使处理水质满足回灌地下水水质要求(图8-14)。

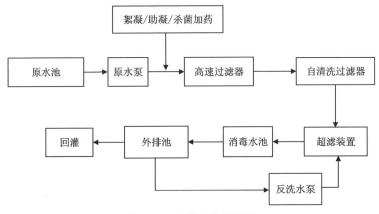

图 8-14 矿坑水处理系统

澄清池出水进入原水池,经过原水提升泵并与絮凝剂、助凝剂、杀菌剂混合后进入高速过滤器,去除水中的大颗粒物质,并进一步通过自清洗过滤器来过滤水中的悬浮物,从而使得出水达到超滤装置进水标准。通过超滤装置去除水中的细菌残体、胶体微粒、大分子的有机物等,超滤出水水质满足回灌水水质要求。

超滤出水经杀菌消毒后进入外排池并回灌地下。过滤器的反冲洗水及超滤的浓水回流到澄清池,和地下涌水一起经澄清池再次处理。

### 8.4.2 水质监测研究

为确保矿山周边地下水水质完全不受回灌水水质的影响,需对矿区及周边影响范围内的水质建立完善的监测系统。

#### 8.4.2.1 回灌影响范围的确定

根据回灌测试过程中所取得的地层水文地质参数推算回灌影响范围。利用抽水试验影响半径公式计算此影响范围:

$$R = 2s\sqrt{Hk} \tag{8-6}$$

式中:$R$——回灌影响半径,m;

$s$——当回灌量为 1 250m³/h 时(30 000m³/d)时,回灌井内水位抬升高度,取回灌井水位抬升至 90.00m 时的高度,m;

$H$——含水层厚度,取 300m;

$k$——取回灌层位在 $-300.00 \sim -179.00$m 时的渗透系数 1.04m/d。

计算得出回灌影响半径为 2 480m。由于抽水存在着压力的传递效应,而回灌靠的是自身压力的扩散,因此回灌的影响半径要小于由抽水试验公式算出的半径 2 480m。

#### 8.4.2.2 水位监测孔

根据回灌影响区域,对本区域需建立完整的地下水水质和水位监测系统。依据《地下水监测规范》(SL 183—2005),岩溶山区水位监测系统观测孔布置密度每 10km² 不少于 6 眼,考虑到中关铁矿矿坑水回灌工程为本区域的首个地下水回灌工程,适当增加观测孔布置密度,布置了 17 个观测孔(规范最大布置密度每 10km² 14 眼)。本系统水位监测孔情况见表 8-9。

表 8-9 监测孔布置情况表

| 孔号 | 实际孔深(m) | 备注 |
| --- | --- | --- |
| CG71 | 463 | 已有 |
| CG72 | 412 | 已有 |
| ZC1 | 500 | 新建 |
| ZC2 | 500 | 新建 |
| ZC3 | 500 | 新建 |
| ZC4 | 500 | 新建 |
| ZC5 | 500 | 新建 |
| ZC6 | 500 | 新建 |
| ZC7 | 500 | 新建 |

续表 8-9

| 孔号 | 实际孔深(m) | 备注 |
| --- | --- | --- |
| J1 | 300 | 新建 |
| J2 | 300 | 新建 |
| J3 | 300 | 新建 |
| J4 | 300 | 新建 |
| J5 | 300 | 新建 |
| J6 | 300 | 新建 |
| HG2 | 250 | 已有 |
| HG5 | 250 | 已有 |

#### 8.4.2.3 水质监测孔

依据《地下水监测规范》(SL 183—2005),选取了 10%水位监测孔作为水质监测孔。根据上述规定,选取 5 个水位监测孔作为水质监测孔,孔号分别为 HG2、HG5、J1、J5、J6。

#### 8.4.2.4 监测频率

根据《地下水监测规范》(SL 183—2005),水位监测每 5d 进行一次,每月 1、6、11、16、21、26 日 8 时进行;

水质监测在回灌初期(前 6 个月)前 3 个月每半月监测一次,后 3 个月每月监测一次。正常回灌期,水质监测每年枯水期和丰水期各进行 2 次,取样后进行水质分析。

## 8.5 小结

中关铁矿矿坑水回灌技术研究项目以河北钢铁集团沙河中关铁矿矿坑水回灌工程为依托,为保障整个回灌工程的回灌效果,技术研究小组对矿坑水回灌技术进行了深入研究,取得的主要成果如下:

(1)根据矿区的水文地质条件、以往抽水试验资料和帷幕注浆资料分析,中关矿区东部构造发育,石灰岩含水层透水性强,与区域含水层连通性好,是首选回灌区域。

(2)回灌区域石灰岩地层在垂向上有两层裂隙岩溶发育区域,可供回灌矿坑水使用。

A. 标高$-79.00 \sim 1.00$m 段。该层岩性主要为石灰岩,岩溶裂隙发育,透水性强[G1 在埋深$-79.00 \sim 1.00$m 段单位涌水量为 $2.80L/(s \cdot m)$],具有较好的透水性。

B. 标高$-300.00 \sim -179.00$m 段。该层主要岩性为石灰岩,裂隙岩溶发育,透水性强[G1 在标高$-300.00 \sim -179.00$m 段单位涌水量为 $1.98L/(s \cdot m)$,G2 在标高$-300.00 \sim -179.00$m 段单位涌水量为$1.42L/(s \cdot m)$]。

(3)通过对$-88.27 \sim 18.80$m 段和$-300.00 \sim -178.17$m 段两段地层进行回灌测试。单井回灌情况下,上部标高$-88.27 \sim 18.80$m 地层回灌能力预计为 $123.0 m^3/h$,下部标高

−300.00～−179.00m 地层回灌能力预计为 496.8m³/h；下部两井同时回灌情况下，回灌能力预计为 936.0m³/h，上部回灌能力小于下部。

从回灌影响范围看，反映出大回灌量可沟通岩溶裂隙通道，增大透水性，使回灌量出现增大的趋势。

（4）采用有针对性的水质处理设备对回灌水进行净化处理，保证了回灌水质满足设计要求，此为回灌工程实施中至关重要的一步。水质监测是回灌流程的必备环节，水质监测系统的有序运行是地下水水质的安全保障。

# 9 结 论

## 9.1 应用效果

中关铁矿通过应用"大水型矿山矿坑水综合治理关键技术"技术成果,矿体帷幕注浆工程、井巷地表预注浆工程、矿坑水回灌工程取得良好治水效果,为矿山安全生产、绿色运营奠定基础,在矿山防治水领域走出了一条以防治结合、综合利用为主线的绿色环保、可持续发展的治水之路。其矿坑水治理成果主要为:①采用帷幕注浆技术建造矿体周围全封闭帷幕,切断矿坑与区域地下水80%的水力联系;②采用地表预注浆技术实施矿山井巷系统局部地表预注浆工程,实现开拓掘进面涌水量小于$10m^3/h$的作业环境;③采用矿山水回灌技术,实施帷幕外矿坑水回灌工程,实现矿坑水地表零排放。

经测算,中关铁矿通过实施矿山防治水工程,以减少矿坑涌水量排水费用计算,平均节约1.3亿元/年。

## 9.2 成果结论

"大水型矿山矿坑水综合治理关键技术"研究课题依托中关铁矿近10年开展的矿山防治水技术研究工作,在矿山帷幕注浆工程设计理论、帷幕注浆工程检测技术、注浆工程钻探技术、注浆工程自动化控制技术、矿坑水回灌技术等方面取得创新性成果,具体内容如下:

**1. 矿山帷幕注浆工程设计理论方面**

矿山帷幕注浆设计理论研究在帷幕注浆工程规模划分、设计阶段划分、建设程序确定以及帷幕体防渗指标确定和钻孔孔距确定方面取得以下重要成果:

(1)在国内矿山帷幕注浆领域首次提出矿山帷幕注浆工程规模划分应该以钻探延米及注浆方量为划分依据,并且划分为大型、中型和小型帷幕注浆工程。

(2)在国内矿山帷幕注浆领域首次提出矿山帷幕注浆工程设计阶段应该划分为初步设计、帷幕注浆试验和施工图设计3个阶段,其中帷幕注浆试验虽然具有施工性质,但是其重要作用在于为初步设计进行参数验证和为施工图设计提供基础数据,因此帷幕注浆试验工程属于设计阶段的一个重要环节。

(3)系统性地提出矿山帷幕注浆工程建设程序。

(4)在国内矿山帷幕注浆领域首次提出矿山帷幕注浆工程堵水率和施工质量控制指标之

间相互关系的确定方法,即可以采用数值拟合的方法确定帷幕堵水率和帷幕透水性之间的相互关系。

(5)钻孔孔距确定可采用查表等经验方法确定,也可以采用理论公式进行计算。研究成果中给出的理论计算方法和查表经验确定方法之间相互印证,并且趋于一致。

(6)在帷幕注浆钻孔孔距研究方面,首次提出了12m钻孔孔距。

**2. 帷幕注浆工程检测技术方面**

帷幕注浆工程检测技术研究在施工全过程质量检测方面、帷幕体连续性测试方面、帷幕体堵水效果评价方面取得重要成果,具体如下:

(1)由于帷幕注浆工程具有典型隐蔽工程特点,施工过程中必须注重过程质量控制,应该采用点、线、面全过程质量控制方法。

(2)在帷幕体连续性测试方面可采用井间高密度电阻率成像法进行测试,其主要原理为测试地层注浆前后电阻率变化,进而确定帷幕体连续性。

(3)帷幕体施工质量评价主要以检查孔、施工资料分析等方法为主,其中施工资料分析首次提出可采用离散系数法和单位注灰量变化曲线法。

(4)鉴于矿山建设周期较长,无法在短时间内直观评价注浆帷幕堵水效果,为配合工程验收可采用解析计算方法简要评价帷幕体堵水效果,具体方法可采用地下水均衡法。

**3. 注浆工程钻探技术方面**

注浆工程钻探工艺研究主要包括矿山帷幕注浆工程钻探工艺和矿山地表井巷钻探技术研究两个方面,主要在以下方面取得重要成果:

(1)通过小口径受控定向注浆分支孔的试验研究,认为采用 HXY-5 型钻机及配套器具施工小口径注浆分支孔是可行的。

(2)通过小口径受控定向注浆分支孔试验中造斜试验可以发现,造斜时选用的螺杆钻具及配套钻杆、钻头等器具应在主孔口径的基础上降低级配才能取得良好效果。

(3)结合受控定向分支钻孔轨迹的理论设计,采用大口径定向分支孔施工工艺,准确设计了分支孔轨迹,实施钻孔能够顺利进入设计靶区,并在550m注浆顶板位置左右成功降斜。

(4)确定了大口径定向分支孔施工设备,包括钻探设备、定向设备及其他辅助施工器具。

(5)确定了分支孔造斜段钻进与注浆施工的相关工艺问题,获得了设计、定向、造斜、稳斜等一系列完整的施工工艺。

(6)通过工艺改进形成的本项大口径受控定向分支孔施工工法,能够精确控制钻孔的偏斜范围,使钻孔轨迹保持在设计范围以内,不受矿体磁场和地层复杂变化的影响,减少了非注浆段的辅助钻探工作量,有效缩短施工工期,减少矿山投资,取得了良好的经济效益和社会效益。

**4. "鱼刺形"分支孔技术方面**

(1)在国内外首次提出了"鱼刺形"分支孔结构及技术工艺,该技术可以在3m造斜段实现钻孔45m的偏斜距离。

(2)研发了实施"鱼刺形"分支孔的一系列钻探设备与施工器具。

## 5. 注浆自动化控制技术方面

通过注浆工程自动化控制技术研究,在制浆、注浆自动化方面和地下水位自动化观测方面,即改性黏土浆液制备工艺及设备研发方面取得重要成果具体如下:

(1)完善后的注浆制浆系统在影响施工质量环节均采用了电脑控制,精确的电子计量避免了人为造成的计量误差,让浆液的配置和注浆施工得到全过程的记录和控制。

(2)地下水位自动观测系统的研究成果确保了对矿山注浆帷幕观测系统地下水动态变化的全程监控,为矿山地下水动态变化和流场建立提供了真实、准确、及时的数据基础。

(3)通过设备研发改进,能够连续同时供应多个配比的混合浆液,此设备制备的浆液配比精准,配送位置准确,制浆能力完全自动化控制,单人能独立完成浆液的连续制备。本系统实现了浆液的现制现用,避免了浆液的浪费;系统操作简便,单人可独立完成,节约人力物力,保证了浆液质量,大幅提高了经济效益及社会效益。

## 6. 新型注浆材料研究与应用方面

新型注浆材料研究与应用在改性黏土浆、改性湖泥浆液等方面取得突破性成果,具体如下:

(1)提出了黏性土作为矿山帷幕注浆主要材料理念,并详细论述了改性黏土浆液的研究适配流程。

(2)首次提出了改性黏土浆液的高围压条件下试验研究,研制了专门的高压固结试验装置,利用该装置进行了混合浆液高压固结机理研究。研究表明,高围压对于浆液析水固结具有显著作用,能够明显缩短浆液初凝、终凝时间,能够大幅度提高结石体强度,部分试验样品结石体单轴抗压强度能够达到 10MPa 以上。

(3)针对研究的两种黏土材料,设计出适用于生产现场的浆液配比单。

## 7. 矿坑水回灌技术方面

矿坑水回灌技术研究,取得的主要成果如下:

(1)根据矿区的水文地质条件、以往抽水试验资料和帷幕注浆资料分析,中关矿区东部构造发育、石灰岩含水层透水性强,与区域含水层连通性好,是首选回灌区域。

(2)回灌区域石灰岩地层在垂向上有两层裂隙岩溶发育区域,可供回灌矿坑水使用。

(3)通过对 $-88.27 \sim 18.80$m 段和 $-300.00 \sim -178.17$m 段两段地层进行回灌测试。单井回灌情况下,上部标高 $-88.27 \sim 18.80$m 地层回灌能力预计为 $123.0 m^3/h$,下部标高 $-300.00 \sim -179.00$m 回灌能力预计为 $496.8 m^3/h$;下部两井同时回灌情况下,回灌能力预计为 $936.0 m^3/h$,上部回灌能力弱于下部。从回灌影响范围看,反映出大回灌量可沟通岩溶裂隙通道,增强透水性,使回灌量出现增强的趋势。

(4)采用有针对性的水质处理设备对回灌水进行净化处理,保证了回灌水质满足设计要求,此为回灌工程实施中至关重要的一步。水质监测是回灌流程的必备环节,水质监测系统的有序运行是地下水水质的安全保障。

# 参考文献

高学通,刘殿凤,蒋鹏飞.岩溶裂隙产状对帷幕注浆施工及堵水的影响[J].金属矿山,2013(3):25-28.

韩贵雷,于同超,刘殿凤,等.矿山帷幕注浆方案研究及堵水效果综合分析[J].矿业研究与开发,2010,30(3):95-98.

韩贵雷,于同超,刘殿凤,等.中关铁矿深孔注浆幕墙井间电阻率测试技术和效果评价[J].地质调查与研究,2009,32(1):69-74.

韩贵雷."鱼刺型"钻孔改性黏土帷幕注浆工艺试验研究[J].金属矿山,2018(9):69-73.

韩贵雷.城门山铜矿改性湖泥注浆工艺及堵水效果评价研究[J].工程勘察,2017(11):13-17,78.

韩贵雷.均衡法在矿山帷幕注浆堵水效果评价中应用[J].采矿技术,2016,16(5):39-42.

化建新,郑建国,王笃礼,等.工程地质手册(第五版)[M].北京:中国建筑工业出版社,2018.

贾朋涛.帷幕注浆技术在复杂富水金属矿山防治水中的应用[D].桂林:桂林理工大学,2013.

邝健政,昝月稳,王杰,等.岩土注浆理论与工程实例[M].北京:科学出版社,2001.

矿山帷幕注浆规范.DZ/T 0285—2015[S].北京:地质出版社,2015.

李世峰,高文婷,牛永强,等.矿井废水回灌工程试验研究[J].河北工程大学学报(自然科学版),2012(3):66-70.

立井井筒地面预注黏土水泥浆技术规范.MT/T 1058—2008[S].北京:煤炭工业出版社,2009.

邱显水,刘文静.定向钻进技术在刘庄煤矿地面预注浆工程的应用[J].煤炭科学技术,2005(1):51-52,59.

水工建筑物水泥灌浆施工技术规范.SL 62—2014[S].北京:中国水利水电出版社,2014.

宋峰,刘新社,韩贵雷,等.中关铁矿帷幕注浆工程科技成果汇编[M].武汉:中国地质大学出版社,2012.

宋建国,井旋,郭冬兰.螺杆定向钻井技术在煤矿注浆堵水工程中的应用[J].山东煤炭科技,2014,12:168-169,172.

孙钊.大坝基岩灌浆[M].北京:中国水利水电出版社,2004.

王学峰,曹宏玉.矿山水回灌技术的应用与研究[J].赤峰学院学报(自然科学版),2012,6:117-118.

有色金属矿山水文地质勘探规范.GB 51060—2014[S].北京:中国计划出版社,2014.

张博,余佳,桂飞,等.半封闭式帷幕注浆堵水技术在铜山铜铁矿的应用[J].湖北理工学院学报,2016(5):17-21.

张命桥.乱岩塘汞矿高压地下水防治研究[J].甘肃冶金,2007,12:42-44,59.